# ロウソクの科学《かがく》

## 世界一《せかいいち》の先生《せんせい》が教《おし》える超《ちょう》おもしろい理科《りか》

ファラデー・原作
平野累次《ひらのるいじ》／冒険企画局《ぼうけんきかくきょく》・文
上地優歩《うえじゆうほ》・絵

角川つばさ文庫

# もくじ

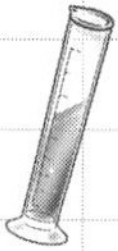



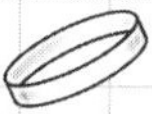

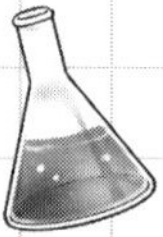

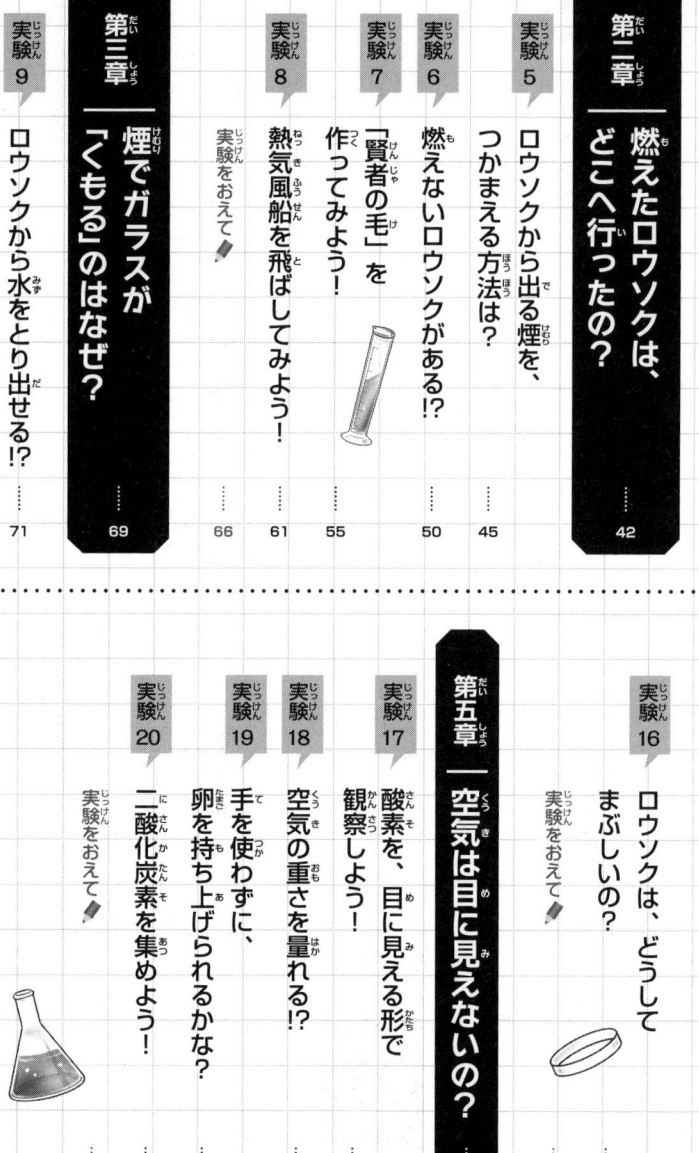

## 実験《じっけん》をするときの約束《やくそく》だよ！

・実験《じっけん》をするときは、かならずおとなの人《ひと》に見《み》てもらいながら進《すす》めよう。

・火《ひ》や熱《あつ》くなる素材《そざい》をつかうときは、やけどをしないように注意《ちゅうい》しよう。

・実験器具《じっけんきぐ》や道具《どうぐ》をあつかうときは、けがをしないように気《き》をつけよう。

・材料《ざいりょう》の準備《じゅんび》をする前《まえ》に、かならずおうちの人《ひと》に相談《そうだん》をしよう。

・実験《じっけん》がおわったら、きちんと後片《あとかた》づけをしよう。

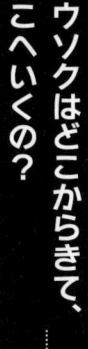

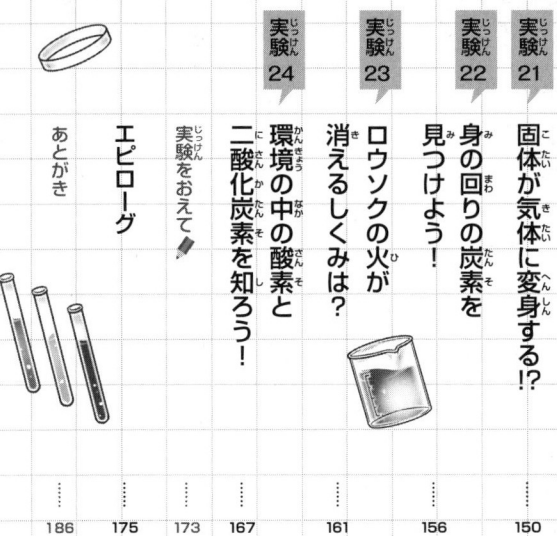

# 登《とう》場《じょう》人《じん》物《ぶつ》紹《しょう》介《かい》

## 陽《ひ》菜《な》

料理《りょうり》が好《す》きな、小学校《しょうがっこう》五年生《ねんせい》の女《おんな》の子《こ》。転校《てんこう》してきたばかり。

## 大《ひろ》翔《と》

陽菜《ひな》のふたごの弟《おとうと》。知《し》らない場所《ばしょ》を探険《たんけん》するのが好《す》き。

## 原《はら》出《で》先《せん》生《せい》

ふしぎな研究所《けんきゅうじょ》を作《つく》った人《ひと》。科学者《かがくしゃ》ファラデーの大《だい》ファン。

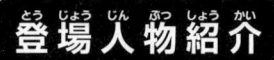

# ファラデーってどんな人《ひと》？

★マイケル・ファラデーは、19世紀《せいき》に活《かつ》やくした、イギリスの科学者《かがくしゃ》です。

★彼《かれ》は、1791年《ねん》に、鍛冶職人《かじしょくにん》の次男《じなん》に生《う》まれました。少年時代《しょうねんじだい》のファラデーは、製本職人《せいほんしょくにん》の弟子《でし》として働《はたら》きながら、自由《じゆう》な時間《じかん》にたくさんの本《ほん》を読《よ》み、理《り》科《か》や科学《かがく》に夢中《むちゅう》になっていきました。

★おとなになったファラデーは、王立《おうりつ》研究所《けんきゅうじょ》で、化学実験助手《かがくじっけんじょしゅ》になりました。研究者《けんきゅうしゃ》を手伝《てつだ》いながら、彼は世界《せかい》じゅうの実験室《じっけんしつ》を見学《けんがく》します。

★のちに、ファラデーは実験室主任《じっけんしつしゅにん》になり、化学教授《かがくきょうじゅ》になり、「電磁回転《でんじかいてん》の実《じっ》験《けん》」、「電気分解《でんきぶんかい》の法則《ほうそく》」、「〈ファラデー効果《こうか》〉の発見《はっけん》」、「半導体《はんどうたい》の発見《はっけん》」、「反《はん》磁性物質《じせいぶっしつ》の発見《はっけん》」など、さまざまな発見《はっけん》や実験《じっけん》をして、科学《かがく》の歴史《れきし》に名《な》前《まえ》をのこしました。

★とくに、「半導体《はんどうたい》」の技術《ぎじゅつ》は、コンピューターや携帯電話《けいたいでんわ》といった、わたしたちの身《み》の回《まわ》りにある電子機器《でんしきき》の部品《ぶひん》に、欠《か》かせません。

★これからはじまるのは、そんなファラデーが子《こ》どもたちに話《はな》した講演《こうえん》の中身《なかみ》をめぐる、ふしぎな先生《せんせい》とふたごのきょうだいの物語《ものがたり》です。

# プロローグ

小学《しょうがく》五年生《ねんせい》の陽菜《ひな》と、ふたごの弟《おとうと》の大翔《ひろと》には、こまっていることがあった。

「ねえ、大翔《ひろと》。自由研究《じゆうけんきゅう》の内容《ないよう》、どうしよう？」

「なんでもいいんじゃない？　陽菜《ひな》は、心配性《しんぱいしょう》だな」

終業式《しゅうぎょうしき》が終《お》わって、ふたりは学校《がっこう》の帰《かえ》り道《みち》を歩《ある》きながら、夏休《なつやす》みの宿題《しゅくだい》について話《はな》していた。

「大翔《ひろと》がお気楽《きらく》すぎるのよ。新《あたら》しい学校《がっこう》で、ふまじめだと思《おも》われたらいやじゃない」

担任《たんにん》の先生《せんせい》は、宿題《しゅくだい》について「身近《みぢか》な人《ひと》や友《とも》だちと相談《そうだん》してみましょう」と言《い》っていた。

「でも、相談《そうだん》する人《ひと》なんていないよ。おれたち、転校《てんこう》してきたばかりだから」

「これから友《とも》だちを作《つく》ろうと思《おも》ったけれど、夏休《なつやす》みに入《はい》っちゃったわね……」

夏休《なつやす》みが明《あ》ければ、仲《なか》のいい友《とも》だちもできるかもしれない。

ふたりにとって、引《ひ》っこしは三回目《かいめ》だ。友《とも》だちを作《つく》ることには、なれていた。

でも、宿題《しゅくだい》は、夏休《なつやす》み明《あ》けまで待《ま》ってくれたりしないのだ。

「身近《みぢか》な人《ひと》……うちは、親《おや》がいそがしいから、めいわくはかけられないわ」

どうしたものかと陽菜《ひな》は立《た》ちどまって、首《くび》をひねった。


いっぽう、大翔《ひろと》は、道《みち》ばたになにかが落《お》ちているのを見《み》つけていた。

近《ちか》よってみると、それは、英語《えいご》で書《か》かれた本《ほん》だった。

しかし、英語《えいご》はまだ習《なら》っていないので、なんと書《か》いてあるのかは、わからない。

「なんだろう、あれ」

「だれかの落《お》としものかしら」

「ここに、紙《かみ》がはさまっている。持《も》ち主《ぬし》のメモかな？」

大翔《ひろと》は、本《ほん》の表紙《ひょうし》とページのあいだから、きれいに折《お》りたたまれた紙《かみ》をとり出《だ》してみた。

「大翔《ひろと》。勝手《かって》にそんなことしたら、悪《わる》いでしょ」

「陽菜《ひな》は本当《ほんとう》に、心配性《しんぱいしょう》なんだから。手《て》がかりがないと、持《も》ち主《ぬし》をさがせないだろ？」

大翔《ひろと》は、紙《かみ》を開《ひら》いてみた。それは、なにかを宣伝《せんでん》するチラシの、下書《したが》きのようだった。

たのしそうなキャッチコピーと、近所《きんじょ》の地図《ちず》がのっている。

まるで、前《まえ》に住《す》んでいた町《まち》で見《み》た、お祭《まつ》りのチラシみたいだった。

「だれでも理科《りか》が好《す》きになる　たのしい実験教室《じっけんきょうしつ》　ロウソク理科研究所《りかけんきゅうじょ》☆」

『少年少女《しょうねんしょうじょ》の理科研究入門《りかけんきゅうにゅうもん》に、いちばんぴったりなのは、
一本《いっぽん》のロウソクにまつわる、物理的現象《ぶつりてきげんしょう》を考察《こうさつ》すること。
どんな最新《さいしん》の研究《けんきゅう》のお話《はなし》にもけっしてひけをとらない、
おもしろくて、ためになるお話《はなし》を、お聞《き》かせしましょう』

陽菜《ひな》と大翔《ひろと》は、首《くび》をかしげた。

「ロウソク理科研究所《りかけんきゅうじょ》？　ロウソクって、火《ひ》をつけて使《つか》う道具《どうぐ》のロウソク？」

「ちょうどいいや！　場所《ばしょ》もこの近所《きんじょ》だ。陽菜《ひな》、行《い》ってみよう！」

「……まあ、本を持《も》ち主《ぬし》にとどけるついでに、よってみるくらいなら」

「よし、決《き》まり！　研究所《けんきゅうじょ》についたら、宿題《しゅくだい》のこと、相談《そうだん》してみような」

そんなわけで、ふたりは地図《ちず》を見《み》ながら、ロウソク理科研究所《りかけんきゅうじょ》に行《い》ってみることにした。

研究所《けんきゅうじょ》は、近所《きんじょ》の雑木林《ぞうきばやし》の先《さき》にあった。

地図《ちず》にしたがって、並木道《なみきみち》を進《すす》むうちに、いい香《かお》りがしてきた。

ふたりはそこで、足《あし》をとめた。

道《みち》の先《さき》に、白《しろ》い建物《たてもの》が建《た》っている。

そこから、いい香《かお》りが流《なが》れてきているようだ。

「これ、ミルクティーのにおいだわ。だれかが、紅茶《こうちゃ》をいれているのよ」

「においでわかるなんて、陽菜《ひな》はすごいなー。犬《いぬ》みたいだなー」

「大翔《ひろと》はいつも、ひと言《こと》よけいなのよ。わたしは紅茶《こうちゃ》が好《す》きなんだから、いいじゃない」

「この中《なか》にだれかいるってことかな？　よし、中《なか》も見《み》てみよう」

大翔《ひろと》は陽菜《ひな》の手《て》をとって、建物《たてもの》のドアを開《あ》けた。


ドアのむこうは、明《あか》るくて広《ひろ》い部屋《へや》になっていた。

部屋《へや》には、数《かぞ》えきれないほどたくさんの道具《どうぐ》が置《お》いてある。

足《あし》をふみ入《い》れたとたん、ふたりはなんだかたのしい気《き》もちになってきた。

大《おお》きなおもちゃ屋《や》さんや、お祭《まつ》りの屋台《やたい》にいるときのような気分《きぶん》だ。

そして、置《お》いてある道具《どうぐ》がおもちゃではないことが、ふたりにはすぐにわかった。


ぴかぴかによくみがかれた、ガラスのフラスコ。

表面《ひょうめん》から、水道《すいどう》の蛇口《じゃぐち》がはえている、大《おお》きな机《つくえ》。

色《いろ》とりどりの液体《えきたい》が入《はい》ったびんのならぶたな。

それから、ロウソクの山《やま》。

「大翔《ひろと》、これって……」

「うん、まちがいない……」

ふたりは、顔《かお》を見《み》あわせて、声《こえ》をそろえた。

「ここ、理科室《りかしつ》だ！」

研究所《けんきゅうじょ》は、学校《がっこう》の理科室《りかしつ》をもっと大《おお》きくしたような部屋《へや》になっていたのだ。

部屋《へや》のまん中《なか》にいた男《おとこ》の人《ひと》が、ふり向《む》いて、にっこりと笑《わら》った。

「やあ、きみたち。ロウソク理科研究所《りかけんきゅうじょ》へようこそ！」

男《おとこ》の人《ひと》は、水《みず》の量《りょう》を量《はか》るのに使《つか》うビーカーを、バーナーで温《あたた》めていたようだ。

大翔《ひろと》がチラシをひろげながら、男《おとこ》の人《ひと》に話《はな》しかける。

「ここって、理科《りか》を教《おし》えてくれるところ？」

「そうだよ。きみたちはそのチラシを見《み》てきてくれたんだね！　うれしいな」

「わたしたち、この本《ほん》をひろったので、とどけにきただけです」

ひろった英語《えいご》の本《ほん》を陽菜《ひな》がわたすと、男《おとこ》の人《ひと》はとび上《あ》がっておどろいた。

「これは、ぼくが落《お》としてしまった大事《だいじ》な本《ほん》なんだ。見《み》つけてくれて、ありがとう！」

本《ほん》を手《て》にした男《おとこ》の人《ひと》は、よろこんで本《ほん》にほおずりした。

（なんだか、変《か》わった人《ひと》……）

陽菜《ひな》は、見《み》なかったことにして話《はなし》をつづけた。

「道《みち》に落《お》ちていたんだけれど、どうして、本《ほん》の中《なか》にチラシをはさんでいたの？」

「チラシを作《つく》っているとちゅうだったんだよ。この本《ほん》に書《か》いてある実験《じっけん》を、いっしょにやってみませんかって書《か》くつもりだったんだ」

ふたりはもう一度《いちど》チラシを見《み》る。たしかに、紙《かみ》のまん中《なか》のあたりが、まだ白《しろ》いままだ。

「なくして、こまっていたんだ。ありがとう。お茶《ちゃ》ぐらいしか出《だ》せないけど、いいかな」

「あっ、それならよろこんでいただきます」

陽菜《ひな》が目《め》をかがやかせたのを見《み》て、大翔《ひろと》は、肩《かた》をすくめた。

「陽菜《ひな》は心配性《しんぱいしょう》のくせに、飲《の》みもののことになると、すぐにのせられる」

「いいでしょ。好《す》きなんだから」

「ははっ、紅茶《こうちゃ》の香《かお》りはいいよね。頭《あたま》もリラックスするし」

男《おとこ》の人《ひと》はうなずくと、たなから大《おお》きめのビーカーを出《だ》して、水《みず》を入《い》れる。

それから、机《つくえ》の上《うえ》の実験器具《じっけんきぐ》を操作《そうさ》して、ビーカーを温《あたた》めはじめたのだ。

大翔《ひろと》はぎょっとした。

「えっ、それでお湯《ゆ》を作《つく》るの？」

「そうだよ。おいしい紅茶《こうちゃ》は、お湯《ゆ》の温度《おんど》が大切《たいせつ》だからね」

「紅茶《こうちゃ》は、適切《てきせつ》な温度《おんど》で作《つく》るとよりおいしくなるんでしょう？」

陽菜《ひな》には、男《おとこ》の人《ひと》が、自分《じぶん》たちをもてなそうとしていることがわかってきた。

ビーカーで飲《の》みものを作《つく》るなんて、ぎょっとはするけれど。

「そうだ。カップも出《だ》さないと」

そう言《い》ってとり出《だ》したのが、ちゃんとしたカップだったので、ふたりは安心《あんしん》した。

おいしいミルクティーを飲《の》んで落《お》ち着《つ》いてから、あらためてふたりは相談《そうだん》してみた。

「わたしたち、自由研究《じゆうけんきゅう》で、なにを研究《けんきゅう》すればいいかわからなくって……」

「だから手伝《てつだ》ってほしいんだ」

「そうか、きみたちはこまっていたのか！　ぼくにまかせなさい」

男《おとこ》の人《ひと》は、ふたりがとどけた本《ほん》を開《ひら》いて見《み》せた。

英語《えいご》の文字《もじ》がたくさん書《か》いてあって、図《ず》も入《はい》っている。

図《ず》の内容《ないよう》は、理科《りか》の実験《じっけん》をえがいているようだ。

「それって、どんな本《ほん》なの？　英語《えいご》で書《か》いてあるから、わからないわ」

「理科《りか》に関係《かんけい》あるの？」

「そう。この本《ほん》には、理科《りか》の話《はなし》が書《か》かれている。自由研究《じゆうけんきゅう》の題材《だいざい》もたっぷり入《はい》っている」

こたえながら、男《おとこ》の人《ひと》は、ポケットから一本《いっぽん》のロウソクをとり出《だ》した。

「この本《ほん》は、ぼくが理科《りか》を好《す》きになったきっかけなんだ」

「ふーん、どんなことが書《か》いてあるのかしら」

陽菜《ひな》は、本《ほん》の中身《なかみ》がちょっと気《き》になってきた。理科《りか》の実験《じっけん》は、料理《りょうり》みたいで、好《す》きなほうだ。

「おれは、理科《りか》ってよくわからないなあ」

大翔《ひろと》は、どちらかというと理科《りか》が苦手《にがて》なほうだった。

「安心《あんしん》したまえ！　このロウソク理科研究所《りかけんきゅうじょ》は、理科《りか》が好《す》きな人《ひと》も、苦手《にがて》な人《ひと》も、小《ちい》さい子《こ》もお年寄《としよ》りも、みんなで理科《りか》をたのしめるように研究《けんきゅう》しているんだ」

「この町《まち》に、こんなすごいところがあったなんて、知《し》らなかったわ」

感心《かんしん》する陽菜《ひな》の横《よこ》から、大翔《ひろと》がつっこみを入《い》れた。

「でも、町《まち》の地図《ちず》には、こんな場所《ばしょ》はのってなかったと思《おも》うけど」

「あまり有名《ゆうめい》じゃないからね。でも、きみたちのなやみを解決《かいけつ》することができる。たとえば、これを使《つか》ったいろんな実験《じっけん》とかでね」

男《おとこ》の人《ひと》は、先《さき》ほどとり出《だ》したロウソクに、人差《ひとさ》し指《ゆび》をむけた。

「きみたちがとどけてくれた本《ほん》はね、ファラデーが書《か》いているんだ。——ああ、ファラデーっていうのは、イギリスのすごい科学者《かがくしゃ》でね。ぼくがいちばん尊敬《そんけい》している科学者《かがくしゃ》なんだ！　ファラデーは、文字《もじ》を習《なら》ったらすぐに職人《しょくにん》の弟子《でし》になって……」

「話《はなし》が見《み》えなくなってきたわ。それで、そのロウソクがどうなるの？」

陽菜《ひな》につっこまれて、男《おとこ》の人《ひと》は、ハッとわれに返《かえ》ったようだった。

「そうだった。そのファラデーが、むかし、少年少女《しょうねんしょうじょ》たちにこう説明《せつめい》したんだ。ロウソクは、科《か》学《がく》について考《かんが》えるのにぴったりの、身近《みぢか》な題材《だいざい》だって」

そう言《い》われて、ふたりは少《すこ》し考《かんが》える。

「ロウソクって、ふだんはあまり見《み》かけないわ。最後《さいご》に見《み》たのって、いつかしら？」

「うーん、防災訓練《ぼうさいくんれん》のときに見《み》たんじゃない？」

男《おとこ》の人《ひと》は、肩《かた》をすくめた。

「確《たし》かに、いまではあまり使《つか》わないかもしれない。でも、停電《ていでん》にそなえてロウソクを置《お》いている家《いえ》は、たくさんあるはずだ。むかしから、ロウソクは大切《たいせつ》な照明《しょうめい》だったからだ」

「照明《しょうめい》？」

男《おとこ》の人《ひと》は、注意《ちゅうい》ぶかくロウソクに火《ひ》をつけて、その光《ひかり》をふたりに見《み》せる。

「たとえば、炭鉱《たんこう》って知《し》っているかい。石炭《せきたん》をほり出《だ》す鉱山《こうざん》のことだ。炭鉱《たんこう》で作業《さぎょう》をする人《ひと》たちは、ロウソクの光《ひかり》をたよりに石炭《せきたん》をほり出《だ》していた。なんてロマンあふれる話《はなし》なんだろう！」

「電気《でんき》をつければいいんじゃないの？」

「もう、大翔《ひろと》ったら。きっと、そのころはまだ、電気《でんき》がなかったのよ」

「そのとおり！　それに、鉱山《こうざん》は文字《もじ》どおり、山《やま》の中《なか》だ。つまり、ロウソクのように、持《も》ち運《はこ》べる明《あ》かりが必要《ひつよう》だった。もちろん、蛍光灯《けいこうとう》ができる前《まえ》は、家庭《かてい》の明《あ》かりとしても、ロウソクが毎日使《にちつか》われていたんだ」

ロウソクを見《み》つめながら、男《おとこ》の人《ひと》は言《い》う。

ロウソクの炎《ほのお》が、ゆらめいている。

陽菜《ひな》と大翔《ひろと》は、しばらくその光景《こうけい》をながめていた。

「ロウソクについての自由研究《じゆうけんきゅう》、いいわね。もう少《すこ》し話《はなし》を聞《き》いていこうかな。大翔《ひろと》は先《さき》に帰《かえ》ってもいいわよ」

「待《ま》ってよ、陽菜《ひな》！　おれもいっしょに聞《き》いて帰《かえ》るよ。そのほうがたのしそうだ」

ふたりの話《はなし》を聞《き》いて、男《おとこ》の人《ひと》は目《め》をかがやかせる。

「では、ロウソクを使《つか》って、たのしい実験《じっけん》を紹介《しょうかい》していこう」

# 第《だい》二章《しょう》　とけたロウソクはどうなるの？

戸《と》だなを開《あ》けていろいろな実験器具《じっけんきぐ》をとり出《だ》しながら、男《おとこ》の人《ひと》は話《はなし》をつづけた。

「あらためて、ようこそロウソク理科研究所《りかけんきゅうじょ》へ。きみたちのような子《こ》をさがしていたんだ」

「どうして？」

「じつはね。だれもこなくて、さみしかったんだ」

「そ、そんな理由《りゆう》だったの」

「それなら、おれたちが生徒第一号《せいとだいごう》だな！　おれは大翔《ひろと》。こっちは、ふたごの陽菜《ひな》」

「なるほど。では、ぼくのことは、原出先生《はらでせんせい》ってよんでくれ」

「はらで？……なんだか、ファラデーとにていない？」

「いいだろう、この名前《なまえ》、気《き》に入《い》っているんだ。では、きみたちにはこれから、いろいろな自由《じゆう》研究《けんきゅう》のアイデアを見《み》せてあげよう」

「えっ、自由研究《じゆうけんきゅう》に書《か》けることを、そのまま教《おし》えてくれるんじゃないの？」

そう言《い》って、大翔《ひろと》は肩《かた》をおとした。

原出先生《はらでせんせい》は、にこやかに話《はなし》をつづけた。

「おなじものを見《み》ても、どこに注目《ちゅうもく》するかは、人《ひと》それぞれだからね」

陽菜《ひな》が、肩《かた》をすくめる。

「大翔《ひろと》は、すぐ楽《らく》をしようとするからダメなのよ。宿題《しゅくだい》は、自分《じぶん》で考《かんが》えないと」

原出先生《はらでせんせい》が、ふたりの手《て》をとって言《い》った。

「だいじょうぶ、きっと気《き》に入《い》る実験《じっけん》が見《み》つかるよ。ぼくといっしょに、ファラデーのやった実《じっ》験《けん》をやってみよう。ファラデーは科学者《かがくしゃ》になってから、学校《がっこう》でたくさんの子供《こども》たちに向《む》かって講《こう》演《えん》をして、そこで実験《じっけん》を見《み》せたんだ」

「みんなに、理科《りか》を好《す》きになってもらおうって思《おも》ったのか！」

「それもあるけれど、アルバイトで講演《こうえん》していたようだ。現実《げんじつ》はきびしいね……」

「もう、ファラデーの話《はなし》じゃなくて、実験《じっけん》の話《はなし》をしてよ」

陽菜《ひな》にしかられた原出先生《はらでせんせい》は、ロウソクの火《ひ》をいったん消《け》した。

「よし、まずは、実験《じっけん》でロウソクを作《つく》ってみよう！」

## 実験《じっけん》1　糸《いと》と油《あぶら》があれば、ロウソクを手作《てづく》りできる！

「ロウソクを手作りできるなんて！ どうやるの？」

「おれ、そんなの、聞《き》いたことがないな。むずかしそうで、気《き》がすすまない……」

「見《み》ているだけでもたのしいよ。作《つく》り方《かた》は、きみたちがとどけてくれた本《ほん》にのっている。ここには、ファラデーが実演《じつえん》した実験《じっけん》が、たくさん書《か》かれているからね」

原出先生《はらでせんせい》は、本《ほん》のなかに英語《えいご》で何《なに》が書《か》いてあるかを、ふたりにわかるように説明《せつめい》した。

『このロウソクは、ディップ式《しき》という方法《ほうほう》で作《つく》られているんだ。
おなじ長《なが》さに切《き》ったたこ糸《いと》を、作《つく》りたい本数《ほんすう》のぶんだけ用意《ようい》して、
丸《まる》いハンガーに、そのたこ糸《いと》をぐるりとつるしておく。
それを、とかした牛脂《ぎゅうし》のなかにひたして、とり出《だ》し、さます。
ひたす・とり出《だ》す・さます、をくりかえして、

## 糸《いと》のまわりについた牛脂《ぎゅうし》が太《ふと》くなったら、できあがり！』

「牛脂《ぎゅうし》って、なに？　はじめて聞《き》いたわ」

「おれも、はじめて聞《き》いた。牛《うし》に関係《かんけい》しているの？」

「牛脂《ぎゅうし》は、牛《うし》からとれる油《あぶら》だよ。もっとも、現代《げんだい》のロウソクは『合成樹脂《ごうせいじゅし》』という石油《せきゆ》から作《つく》れる油《あぶら》で作《つく》っているものが多《おお》いね。どちらにしても、ロウソクは、油《あぶら》を固《かた》めて作《つく》られているんだ」

「牛脂《ぎゅうし》がないと、ロウソクは手作《てづく》りできないの？」

「油《あぶら》にはいろいろな種類《しゅるい》があるから、べつの油《あぶら》を使《つか》う方法《ほうほう》もあるよ」

「じゃあ、植物油《しょくぶつあぶら》は？　うちの台所《だいどころ》においてある油《あぶら》！」

大翔《ひろと》は、いちばん身近《みぢか》にある油《あぶら》の名前《なまえ》を出《だ》してみた。

お母《かあ》さんや陽菜《ひな》が、料理《りょうり》を作《つく》るときに、使《つか》っていたことを思《おも》い出《だ》す。

「そうだね。植物油《しょくぶつあぶら》のほかにも、ロウソクそのものをとかして、すきな形《かたち》のロウソクを手作《てづく》りする方法《ほうほう》もあるんだ」

「色《いろ》のついた、かわいいロウソクを作《つく》る方法《ほうほう》とかも、あるの？」

「ああ、クレヨンを割《わ》って入《い》れておくと、すきな色《いろ》をつけられるよ。ロウソクのデコレーション方法《ほうほう》を調《しら》べて、いろいろ工夫《くふう》してみるのもすてきだね」

そう言《い》いながら、原出先生《はらでせんせい》は、たこ糸《いと》と、割《わ》りばしと、なにかの液体《えきたい》が入《はい》った容器《ようき》を、手早《てばや》く用意《ようい》した。

「さあ、この糸《いと》をもって、ほどけないように、割《わ》りばしにむすんでごらん」

言《い》われるままに、陽菜《ひな》は糸《いと》をつまんでみる。

「割《わ》りばしをしっかりつかんで、この液体《えきたい》の中《なか》に入《い》れてごらん。熱《あつ》くなっているから、糸《いと》を直接《ちょくせつ》

さわらないように気《き》をつけて」

陽菜《ひな》は、おそるおそる、ためしてみた。

容器《ようき》のなかの液体《えきたい》は、温《あたた》められてどろりとしていた。

「なにこれ！　どろどろしてるわ！」

「牛脂《ぎゅうし》を湯《ゆ》せんでとかしたんだ。じゃあ、引《ひ》き上《あ》げよう」

引《ひ》き上《あ》げてみると、たこ糸《いと》のまわりに、油《あぶら》が固《かた》まっていた。陽菜《ひな》は目《め》を見開《みひら》いた。

「見《み》て、大翔《ひろと》！　ロウソクができてる！」

「ほんとだ！　油《あぶら》が糸《いと》のまわりにくっついてる！」

「しっかり固《かた》まるまで、さましておこう。固《かた》まったら、また油《あぶら》の中《なか》に入《い》れて、とり出《だ》すんだ」

「さっきの話《はなし》のとおりね。それを、くり返《かえ》すの？」

糸《いと》にくっついた油《あぶら》は、まだまだ細《ほそ》い。

何度《なんど》もくり返《かえ》せば、りっぱなロウソクになりそうだ。

「じゃあ、つぎはおれがやりたい！」

大翔《ひろと》が手《て》をあげて言《い》うと、陽菜《ひな》は首《くび》をかしげた。

「まあ、いいけど。気《き》がすすまないんじゃなかったの？」

「陽菜《ひな》がたのしそうにやっているのを見《み》ていたら、自分《じぶん》でもやりたくなって」

「わたし、そんなにたのしそうな顔《かお》をしてたかな？」

「してたさ！　陽菜《ひな》は、顔《かお》に出《で》るタイプだから」

陽菜《ひな》は自分《じぶん》のほおをつまんでみた。自分《じぶん》の表情《ひょうじょう》というのは、なかなかわからない。

「わたし、料理《りょうり》は好《す》きなほうだけど、もしかして実験《じっけん》も好《す》きなのかな？」

陽菜《ひな》の声《こえ》をきいて、原出先生《はらでせんせい》はにやりと笑《わら》う。

「いいね！　実験《じっけん》のよさに気《き》づいてもらえて、うれしいよ」


それから、油《あぶら》に入《い》れてさますことをくり返《かえ》し、ロウソクはだんだんと形《かたち》になってきた。

「割《わ》りばしについている糸《いと》を切《き》ろう」

ロウソクから上《うえ》にはみ出《で》ているたこ糸《いと》をみじかく切《き》ると、完全《かんぜん》にロウソクの形《かたち》になった。

「やったあ！　ロウソクができたわ！」

「最後《さいご》に、しばらく冷《ひ》やせば完成《かんせい》だ。そのあいだに、紅茶《こうちゃ》でも飲《の》もうか」

自分《じぶん》の作《つく》ったロウソクがどうなるのか、陽菜《ひな》はそれが気《き》になってしかたがなかった。

## 実験《じっけん》2　ロウソクの形《かたち》を、観察《かんさつ》してみよう！

「さっきの実験《じっけん》で、手作《てづく》りのロウソクができたね。さっそく、作《つく》ったロウソクを使《つか》ってみよう」

原出先生《はらでせんせい》はそう言《い》って、マッチをすると、陽菜《ひな》の作《つく》ったロウソクに火《ひ》をともした。

「明《あ》かりがついたわ！」

「自分《じぶん》の作《つく》ったロウソクが、ほんとうに使《つか》えるのって、すごいな」

陽菜《ひな》と大翔《ひろと》は、口《くち》ぐちに感想《かんそう》を言《い》いあった。

原出先生《はらでせんせい》が実験室《じっけんしつ》の電気《でんき》を消《け》した。

ロウソクのまわりが、光《ひか》っている。

「火《ひ》のついたロウソクのすがたは、火《ひ》をつける前《まえ》とは、どこがちがって見《み》えるかな？」

ロウソクをじっと観察《かんさつ》して、大翔《ひろと》が言《い》う。

「芯《しん》の先《さき》っぽに、炎《ほのお》がついている。側面《そくめん》にたれているのは、なんだろう？……わかった！　とけた油《あぶら》が、落《お》ちているんだと思《おも》うな」

「そう！　よくできたね。いま、大翔《ひろと》くんはロウソクの変化《へんか》を観察《かんさつ》して、ふしぎに思《おも》ったできごとの、理由《りゆう》を考《かんが》えた」

「うん。あたりまえのことじゃないの？」

「すばらしいことだよ。それは『考察《こうさつ》』といって、研究《けんきゅう》にとても大切《たいせつ》な考《かんが》え方《かた》なんだ！」

「ふしぎに思《おも》ったことの理由《りゆう》が、自分《じぶん》でわかったときって、気分《きぶん》がいいわよね」

「ふうん、そう言《い》われると、そうかもしれないな」

首《くび》をかしげる大翔《ひろと》を見《み》て、原出先生《はらでせんせい》は、本《ほん》のなかの一か所《しょ》を指《ゆび》さして言《い》った。

『実験結果《じっけんけっか》が出《で》たら、わすれずに考察《こうさつ》をしよう。
〝なにが原因《げんいん》だろう？　どうして、こんなことが起《お》こるのだろう？〟
とくに、未知《みち》の結果《けっか》が出《で》たときは、理由《りゆう》を考《かんが》えつづけることで、
長《なが》い時間《じかん》をかけて、ほんとうの理由《りゆう》を発見《はっけん》できることもあるんだ』

原出先生《はらでせんせい》と大翔《ひろと》のやりとりを聞《き》いて、陽菜《ひな》はなるほどと思《おも》った。

ロウソクに炎《ほのお》がつくこと。

明《あか》るくなること。

そのとき、なにかのしずくが、たれてきたこと。

そこに注目《ちゅうもく》して、考察《こうさつ》することが、実験《じっけん》のコツだと、わかってきた。

「まずは、なんでだろうって思《おも》う気持《きも》ちが大切《たいせつ》なのね」

「そのとおり！　では、今回《こんかい》の大翔《ひろと》くんの考察《こうさつ》について、説明《せつめい》しよう。ふたりは、物質《ぶっしつ》に固体《こたい》・液体《えきたい》・気体《きたい》という三つの状態《じょうたい》があるって知《し》っているかな？」

「知《し》ってるさ！　理科《りか》の時間《じかん》に、習《なら》った……ような気《き》がする」

「大翔《ひろと》、ほんとうに覚《おぼ》えているの？　じゃあ、水《みず》がどうなるのか、言《い》える？」

「……わ、わからない」

大翔《ひろと》はだまってしまう。たしかに習《なら》ったけれども、すぐには思《おも》い出《だ》せないのだ。

「もう。わからないなら、はじめからそう言《い》いなさいよ。ええと、水《みず》が液体《えきたい》で、氷《こおり》が固体《こたい》で……水蒸気《すいじょうき》が気体《きたい》でしょ」

陽菜《ひな》は、テストで書《か》いたこたえを思《おも》い出《だ》しながらつづけた。

「たしか、固体《こたい》には形《かたち》も体積《たいせき》もあって、液体《えきたい》には、形《かたち》がないけれど体積《たいせき》があって、気体《きたい》は、形《かたち》も体積《たいせき》も定《さだ》まっていない……だったかしら？」

「すごい、よくわかっているね。水《みず》、氷《こおり》、水蒸気《すいじょうき》は、代表的《だいひょうてき》な例《れい》だね。では、ほかの物質《ぶっしつ》も、おなじようにすがたを変《か》えることが、想像《そうぞう》できるかな？」

先生《せんせい》が指《ゆび》さす先《さき》には、ロウソクからとけて流《なが》れ出《だ》す、牛脂《ぎゅうし》のしずくがある。

大翔《ひろと》が、あっと声《こえ》をあげた。

「もしかして、ロウソクも、固体《こたい》から液体《えきたい》に、すがたを変《か》えたってこと？　かたいロウソクから、流《なが》れるしずくが出《で》てきた！」

「そのとおり！　さらに、ロウソクを観察《かんさつ》することで、気体《きたい》の動《うご》きもわかるんだ」

『ロウソクを見《み》て、はじめに気《き》づくのは、てっぺんのきれいなくぼみだね。

どうして、ロウソクのてっぺんは、くぼんでいるのだろう？

熱《ねつ》で芯《しん》のまわりが温《あたた》まると、上《うえ》にむかう空気《くうき》の流《なが》れができる。

空気《くうき》の流《なが》れは、上《うえ》にあるロウソクの側面《そくめん》をさましてしまう。

つまり、くぼみの外《そと》がわの温度《おんど》は、くぼみの中心部《ちゅうしんぶ》の温度《おんど》よりも、低《ひく》くなる。

中心部分《ちゅうしんぶぶん》は、芯《しん》が燃《も》えつきるまで、下《した》にとけていくけれども、

ロウソクの外《そと》がわは、とけないままなんだ』

「だから、ロウソクはてっぺんがくぼんでいるというわけさ」

# 実験《じっけん》3　塩《しお》や砂糖《さとう》を使《つか》って、手品《てじな》をしてみよう！

原出先生《はらでせんせい》がロウソクの片《かた》づけをしていると、陽菜《ひな》があわてたように声《こえ》をかけた。

「もっとないの？」

「あるよ！　興味《きょうみ》があるなら、もっといろんな実験《じっけん》をやってみよう」

「やった。たのしみね、大翔《ひろと》」

「陽菜《ひな》はわかりやすいな。あせって声《こえ》をかけたりして」

「いいでしょう、たのしみなんだから！」

原出先生《はらでせんせい》が、ふたりに声《こえ》をかけた。

「実験《じっけん》は逃《に》げないよ。つぎは、すこし変《か》わった実験《じっけん》をするために、毛管現象《もうかんげんしょう》というものを説明《せつめい》しよう」


『ちがった見《み》かたをすることで、わかることもあるんだ。

今回《こんかい》は、毛管現象《もうかんげんしょう》というものを実験《じっけん》で見《み》てみよう』

「毛管現象《もうかんげんしょう》？　髪《かみ》の毛《け》のこと？」

「いい推察《すいさつ》だね。でも、じつは髪《かみ》の毛《け》とは関係《かんけい》がなくて、これは『表面張力《ひょうめんちょうりょく》』という力《ちから》による現《げん》象《しょう》なんだ。では、どんな現象《げんしょう》なのか、さっそく見《み》てみよう。ぼくが引用《いんよう》しているのは、ファラデーの言葉《ことば》のほんの一部《いちぶ》だから、もっと興味《きょうみ》が出《で》てきたら、ファラデーの講義全体《こうぎぜんたい》をぜひ読《よ》んでみてね」

そこまで言《い》ってから、先生《せんせい》はふたたび英語《えいご》の本《ほん》を開《ひら》く。

『みんなが手《て》を洗《あら》うとき、手《て》は水《みず》にぬれる。せっけんがついたままだと、よく水《みず》にぬれて、長《なが》いあいだ、ぬれたままになるね』

大翔《ひろと》は、学校《がっこう》で手《て》をあらうときのことを思《おも》い出《だ》す。

「そういえば、せっけんをおとしてからのほうが、早《はや》くかわくな……」

「大翔《ひろと》ったら。そもそも、ハンカチですぐにふかないの？」

「いいだろ。ほうっておいたらかわくんだから」

「だけど、せっけんがついたままだと、かわくまでに時間《じかん》がかかる。これは、『表面張力《ひょうめんちょうりょく》』がはたらくから。では、表面張力《ひょうめんちょうりょく》を利用《りよう》した実験《じっけん》を、一つやってみよう」

先生《せんせい》は、たなから、食塩《しょくえん》のふくろをとり出《だ》した。

つぎに、パーティで出《だ》されるような、大《おお》きめの皿《さら》を用意《ようい》する。

その上《うえ》に、食塩《しょくえん》をたっぷりおいて、山《やま》を作《つく》っておく。

いっぽうで、実験机《じっけんづくえ》からはえている水道管《すいどうかん》を使《つか》って、コップにたっぷりと水《みず》をくむ。

水《みず》のあふれそうなコップの中《なか》に、先生《せんせい》はふくろからたくさんの塩《しお》を入《い》れた。

「これで、コップのなかみは、食塩水《しょくえんすい》になったね」

塩《しお》があふれたコップを混《ま》ぜて、先生《せんせい》は解説《かいせつ》をする。

「あふれてるけど、いいのかしら？」

コップからあふれ出《で》た食塩《しょくえん》が、実験室《じっけんしつ》の水道《すいどう》にすいこまれていく。

「いいんだ。これで『ほう和食塩水《わしょくえんすい》』、つまり、もうこれ以上塩《いじょうしお》がとけない水《みず》ができた」

「それを使《つか》って、どうするの？」

大翔《ひろと》がたずねる。

「まあ、見《み》ててよ」

先生《せんせい》はコップの中《なか》のほう和食塩水《わしょくえんすい》を、皿《さら》にもられた食塩《しょくえん》の山《やま》の、下《した》のほうにそそいだ。

すると、食塩水《しょくえんすい》は、食塩《しょくえん》の山《やま》を高《たか》くしずかにのぼっていく。

とちゅうで、食塩《しょくえん》の山《やま》はくずれてしまった。

水《みず》が上《うえ》にのぼるというふしぎな光景《こうけい》に、ふたりは目《め》をうばわれた。

まるで、手品《てじな》みたいだった。

「もしこれが、くずれないものだとしたら、山《やま》のてっぺんまで水《みず》はのぼるだろうね」

「これが、毛管現象《もうかんげんしょう》なの？」

「そう。物質同士《ぶっしつどうし》がたがいにはたらきあって、ときには液体《えきたい》がのぼっていくということを、実験《じっけん》で証明《しょうめい》したんだ」

「実験《じっけん》って、身近《みぢか》にあるものでも、かんたんにできるんだな」

「毛管現象《もうかんげんしょう》は、表面張力《ひょうめんちょうりょく》の一種《いっしゅ》だと説明《せつめい》したね。ほかにも、身近《みぢか》な表面張力《ひょうめんちょうりょく》を紹介《しょうかい》するよ」

先生《せんせい》は、さっきまで紅茶《こうちゃ》を飲《の》んでいたカップに、ふたたび紅茶《こうちゃ》を入《い》れた。

そこに、紅茶《こうちゃ》がこぼれそうになるぐらいまで、砂糖《さとう》を入《い》れるので、陽菜《ひな》はびっくりした。

「そんなに入《い》れると、太《ふと》っちゃうわ！」

「これは、あくまでも実験《じっけん》だからね」

「陽菜《ひな》は、いつも体重《たいじゅう》を気《き》にしているもんな」

「もう。からかわないで！」

先生《せんせい》は、紅茶《こうちゃ》があふれるギリギリまで砂糖《さとう》を入《い》れた。

カップからは、紅茶《こうちゃ》がはみ出《で》ている。

「このように、カップよりも高《たか》い液体《えきたい》が、こぼれないときがある。これも、表面張力《ひょうめんちょうりょく》なんだ」

大翔《ひろと》は、理科《りか》が思《おも》ったより身近《みぢか》なことにおどろいた。

（これなら、かんたんにできそうだな……）

あふれそうな紅茶《こうちゃ》を飲《の》んで、先生《せんせい》が「あまいっ」とさけんだ。大翔《ひろと》は、思《おも》わず笑《わら》ってしまった。

## 実験《じっけん》４　炎《ほのお》のとりあつかいには気《き》をつけよう！

「もうすぐ夕方《ゆうがた》だ。きょうは、あと一つ……スナップドラゴンの話《はなし》をして、おわりにしようか」

そう言《い》うと、先生《せんせい》は、レーズンのふくろをとり出《だ》した。

陽菜《ひな》は、レーズンが大好《だいす》きだから、ワクワクする。

「スナップドラゴンってなに？　どんな実験《じっけん》をするの？」

「実験《じっけん》はしない。なぜなら、とても危険《きけん》だからだ」

「えっ、そんなの、ありなのか。もしかして、ほんとうにドラゴンが……？」

「スナップドラゴンは、二百年《ねん》ほど前《まえ》に流行《はや》っていたあそびで、有名《ゆうめい》な文学作品《ぶんがくさくひん》にも出《で》てくるんだ。火《ひ》を使《つか》った危険《きけん》な行為《こうい》だから、ぜったいにやってはいけないよ。でも、炎《ほのお》のなりたちを知《し》るためのたとえ話《ばなし》としてはわかりやすいから、話《はなし》だけ説明《せつめい》しよう」

そう前《まえ》おきして、先生《せんせい》はスナップドラゴンの説明《せつめい》をはじめた。

「小皿《こざら》に入《い》れたレーズンに、ブランデーをかけて、火《ひ》をつける。ブランデーは、お酒《さけ》の一種《いっしゅ》で、つまり、アルコールだ。火《ひ》をつけたレーズンは、しばらく燃《も》え上《あ》がる。『スナップドラゴン』は、そこに手《て》を入《い》れてレーズンをとり、自分《じぶん》の勇気《ゆうき》を証明《しょうめい》するという、危険《きけん》なものだった」

ふたりは身《み》ぶるいをした。

「炎《ほのお》を手《て》でさわろうとすると、やけどをする可能性《かのうせい》が高《たか》く、とてもあぶない。火《ひ》を使《つか》うときは、ぜったいに手《て》でさわろうとしないこと。目《め》をはなさないこと。大人《おとな》が見《み》ているところで使《つか》うこと。これを、かならず覚《おぼ》えておいてほしいんだ」

先生《せんせい》はそう言《い》って、レーズンをお皿《さら》にもりつける。

「実験《じっけん》はできないけど、レーズンは用意《ようい》したよ。食《た》べてみて」

「いただきまーす！」

「本当《ほんとう》においしそうに食《た》べてくれて、うれしいよ」

「陽菜《ひな》は、食《く》い意地《いじ》がはっているから」

「おいしいんだから、しかたないでしょ。それで、炎《ほのお》のなりたちは、どうなっているの？」

先生《せんせい》は、本《ほん》を開《ひら》いてこたえた。

「それは、こういうことなんだ」

『アルコールの液体《えきたい》は、ロウソクのロウと同《おな》じように、燃料《ねんりょう》のはたらきをする。

レーズンは、燃料《ねんりょう》の中《なか》で、芯《しん》の役割《やくわり》をしているんだ』

「燃料《ねんりょう》と芯《しん》。この二つがあれば、火《ひ》はより強《つよ》く燃《も》えるんだ。ロウソクは牛脂《ぎゅうし》が燃料《ねんりょう》になって燃《も》えるものだけど、糸《いと》が芯《しん》になったのを覚《おぼ》えているかい？」

「おれが作《つく》ったから、もちろん覚《おぼ》えているよ！」

「わたしたち、でしょう」

「スナップドラゴンでは、アルコールとレーズン。この二つが、ロウソクと同《おな》じように、燃料《ねんりょう》と芯《しん》になったんだ。小皿《こざら》は、燃料《ねんりょう》がもれないようにするためのものだ」

「ちょっとこわいわね、火《ひ》って。それだけで燃《も》え上《あ》がっちゃうなんて」

「だから、火《ひ》を使《つか》うときは気《き》をつけないといけないいんだ」

『炎《ほのお》は、きまりきった形《かたち》のものではない。

生気《せいき》にあふれて、爆発《ばくはつ》をしつづけるものなんだ。

空気《くうき》の流《なが》れと、炎《ほのお》が不規則《ふきそく》に動《うご》くこと。この二つをあわせもっているから、炎《ほのお》は一つ一つが同《おな》じように動《うご》かないんだ』

ロウソクに火《ひ》をつけて、先生《せんせい》は「ふーっ」と息《いき》を吹《ふ》きかける。

すると、火《ひ》がゆらめいて、まるで生《い》きているかのように動《うご》いた。

「このように、空気《くうき》によって炎《ほのお》は『舌《した》を出《だ》しているみたいに』形《かたち》を変《か》える。まるで、ドラゴンが舌《した》を出《だ》しているみたいだね」

## 実験《じっけん》をおえて

そこまで話《はなし》を聞《き》いたところで、部屋《へや》の時計《とけい》を見《み》て、大翔《ひろと》が声《こえ》をあげた。

「あっ、そろそろ帰《かえ》らないと、おこられるよ」

「え、もうそんな時間《じかん》なの？」

陽菜《ひな》はその言葉《ことば》につられて、時計《とけい》を見《み》る。

帰《かえ》らないと、心配《しんぱい》をかけそうな時間帯《じかんたい》だ。

気《き》がつけば、まどから赤《あか》い日《ひ》がさしこんでいた。

「どうかな、ぼくの話《はなし》は役《やく》に立《た》った？」

「おもしろかったわ。いろいろ教《おし》えてくれて、ありがとうございました」

陽菜《ひな》はそうお礼《れい》を言《い》ったが、大翔《ひろと》は、まだ先《さき》が気《き》になるようだった。

「まだまだ、実験《じっけん》の話《はなし》がありそうだったな」

そう言《い》われると、陽菜《ひな》も気《き》になった。もっと話《はなし》を聞《き》いてみたい……。

「また明日《あした》、来《き》てもいいかしら？」

「もちろん。ファラデーの話《はなし》も実験《じっけん》も、まだまだたくさんあるよ」

ふたりがとどけた英語《えいご》の本《ほん》を開《ひら》いて、先生《せんせい》は言《い》う。

今日《きょう》の話《はなし》は、本《ほん》のはじめのほうだったようだ。

「自由研究《じゆうけんきゅう》の宿題《しゅくだい》、できそうな気《き》がしてきたわ」

「おれも、これでたぶん、題材《だいざい》にはこまらないよ」

ふたりは、ここにきてよかったと思《おも》った。

「じゃあ、そろそろ帰《かえ》らないと」

帰《かえ》りじたくをするふたりを前《まえ》に、先生《せんせい》はほほえみながら、英語《えいご》の本《ほん》をとじた。

「気《き》をつけて帰《かえ》ってね。また明日《あした》、たのしみにまっているよ」

# 第二章《だいにしょう》　燃《も》えたロウソクは、どこへ行《い》ったの？

つぎの日《ひ》、ふたりはふたたび、ロウソク理科研究所《りかけんきゅうじょ》の前《まえ》にいた。

ロウソク理科研究所《りかけんきゅうじょ》は、雑木林《ぞうきばやし》の先《さき》にある。

なれていないふたりは、少《すこ》し迷《まよ》って時間《じかん》がかかってしまった。


「こんにちは、ここに来《く》るまでに迷《まよ》ったのかな？」

原出先生《はらでせんせい》に言《い》われて、ふたりは目《め》を見《み》あわせた。

「どうしてわかるの？」

「体中《からだじゅう》に葉《は》っぱ、足《あし》もとにどろがくっついているからね。見《み》ればわかるよ」

「そういえば、ぬかるんでいるところも通《とお》ったなあ」

陽菜《ひな》は急《きゅう》にはずかしくなり、服《ふく》をはたいて、葉《は》っぱをおとした。

「今日《きょう》はなにを教《おし》えてくれるの、先生《せんせい》」

「ファラデーの本《ほん》にそって、昨日《きのう》の続《つづ》きを話《はな》してあげよう」

そう言《い》って、先生《せんせい》はまた、英語《えいご》の本《ほん》をとり出《だ》す。

本《ほん》を見《み》て、陽菜《ひな》は言《い》った。

「ファラデーっていう科学者《かがくしゃ》は、どんな人《ひと》だったの？」

「おっ、ファラデーに興味《きょうみ》をもってくれたかな？　うれしいなあ、どこから説明《せつめい》しようか」

「……じつは、おれも、ちょっと気《き》になっていた」

先生《せんせい》は、よろこんで説明《せつめい》をはじめた。

「ファラデーはイギリスの科学者《かがくしゃ》で、ロンドンの鍛冶職人《かじしょくにん》の家《いえ》に生《う》まれている」

「鍛冶職人《かじしょくにん》って、テレビ番組《ばんぐみ》で見《み》たことがある！　熱《あつ》くなった鉄《てつ》を打《う》っていた」

「そう。しかし、ファラデーの家《いえ》はまずしかった。ファラデーは、小学校《しょうがっこう》を出《で》てすぐに、はたらきはじめたんだ。製本所《せいほんじょ》——本《ほん》を作《つく》るところで、職人見習《しょくにんみなら》いをしながら、本《ほん》を読《よ》んだり、自分《じぶん》で考《かんが》えた実験《じっけん》をしたりして、勉強《べんきょう》をしていたんだ」

「本《ほん》を読《よ》んだり、自分《じぶん》で考《かんが》えていたり……りっぱな人《ひと》だったのね！」

「大《おお》きくなって、ファラデーは努力《どりょく》して、科学者《かがくしゃ》になった。そして、たくさんの発見《はっけん》をしているんだ。電気《でんき》の分野《ぶんや》で有名《ゆうめい》なんだよ」

「わたしたちの生活《せいかつ》に、電気《でんき》はかかせないわね！」

ファラデーがすごい科学者《かがくしゃ》だと知《し》って、ふたりは、びっくりした。

「この本《ほん》は、ファラデーが子供《こども》たちにむかって話《はな》した、クリスマス講演《こうえん》を、本《ほん》にしたものなんだ。最後《さいご》まで話《はなし》を聞《き》くと、きっときみたちも理科《りか》が大好《だいす》きになるよ。さっそく、実験《じっけん》をはじめよう」

## 実験《じっけん》5　ロウソクから出《で》る煙《けむり》を、つかまえる方法《ほうほう》は？

先生《せんせい》は、ロウソクを戸《と》だなからとり出《だ》して、火《ひ》をつけた。

ロウソクについた火《ひ》は、すきま風《かぜ》にあおられて、形《かたち》を変《か》える。

ほかにも、今日《きょう》はいろいろな実験器具《じっけんきぐ》が登場《とうじょう》した。

「今日《きょう》はまず、これをやってみよう」

先生《せんせい》が用意《ようい》したのは、ロウソクと、ガラス管《かん》と、フラスコだ。

ガラス管《かん》は、コの字《じ》の形《かたち》に曲《ま》がっている。

先生《せんせい》は、ガラス管《かん》の二つの口《くち》を、ロウソクの先《さき》っぽと、フラスコの中《なか》につなげた。

「なんだか、本格的《ほんかくてき》な実験《じっけん》だな！」

「いかにも理科《りか》っていう気分《きぶん》になってくるわね。何《なに》をするための道具《どうぐ》なの？」

「これはね、ロウソクから出《で》てくる『蒸気《じょうき》』をつかまえるための装置《そうち》なんだ。きのうの話《はなし》を覚《おぼ》えているかな？　水《みず》は液体《えきたい》で、水蒸気《すいじょうき》は……」

「気体《きたい》！　おれも、覚《おぼ》えたぞ！」

「今日《きょう》は、気体《きたい》を観察《かんさつ》するのね」

「そのとおり。さあ、そろそろ、見《み》えてくるよ」

フラスコがくもって、中《なか》に、もわっとした煙《けむり》のようなものが見《み》えてきた。

「蒸気《じょうき》を言葉《ことば》であらわすのはむずかしいから、この実験《じっけん》は目《め》で見《み》ることが大切《たいせつ》なんだ」


『ロウソクをふつうに使《つか》うときとは、べつのことが起《お》きているね。

ガラス管《かん》を通《とお》ってにげ出《だ》したなにかが、フラスコの底《そこ》にたまっている。

つまり、これは、重《おも》いものだということがわかるね。

その正体《しょうたい》は、ロウソクの燃料《ねんりょう》になっていたものが、蒸気《じょうき》になっているんだよ』

「フラスコの中《なか》に、気体《きたい》になったロウソクがたまっている！　ふしぎな見《み》た目《め》だわ」

「そうだね。ロウソクはこうやって、固体《こたい》と気体《きたい》、そして前《まえ》にも見《み》たように、液体《えきたい》になるんだ」

「この蒸気《じょうき》って、ガラス管《かん》をつけないと出《で》ないの？」

「いいや。ロウソクに火《ひ》をつけると、いつでもこの蒸気《じょうき》が出《で》ているんだ。ふだんは、空気《くうき》と混《ま》ざってしまって、見《み》えなくなる。だから、こういう実験《じっけん》が必要《ひつよう》なわけだ」

「ふうん、目《め》で見《み》えるっていうことは、めずらしいんだ」

大翔《ひろと》は、実験装置《じっけんそうち》をじっくりと観察《かんさつ》する。


「ここからが、この実験《じっけん》のおもしろいところ。ちょっとあぶないから、はなれていてね」

「あぶない？」

言《い》われるままに、ふたりはフラスコからはなれる。

「この中《なか》にあるのは、気体《きたい》になったロウソクだということがわかったね。だとしたら、この気体《きたい》に火《ひ》をつけると、燃《も》えるだろうか？」

「それを実験《じっけん》でたしかめるのね」

先生《せんせい》はうなずき、小《ちい》さなロウソクをとり出《だ》して火《ひ》をつける。それを、ガラス管《かん》をとり外《はず》したフラスコの中《なか》に入《い》れた。

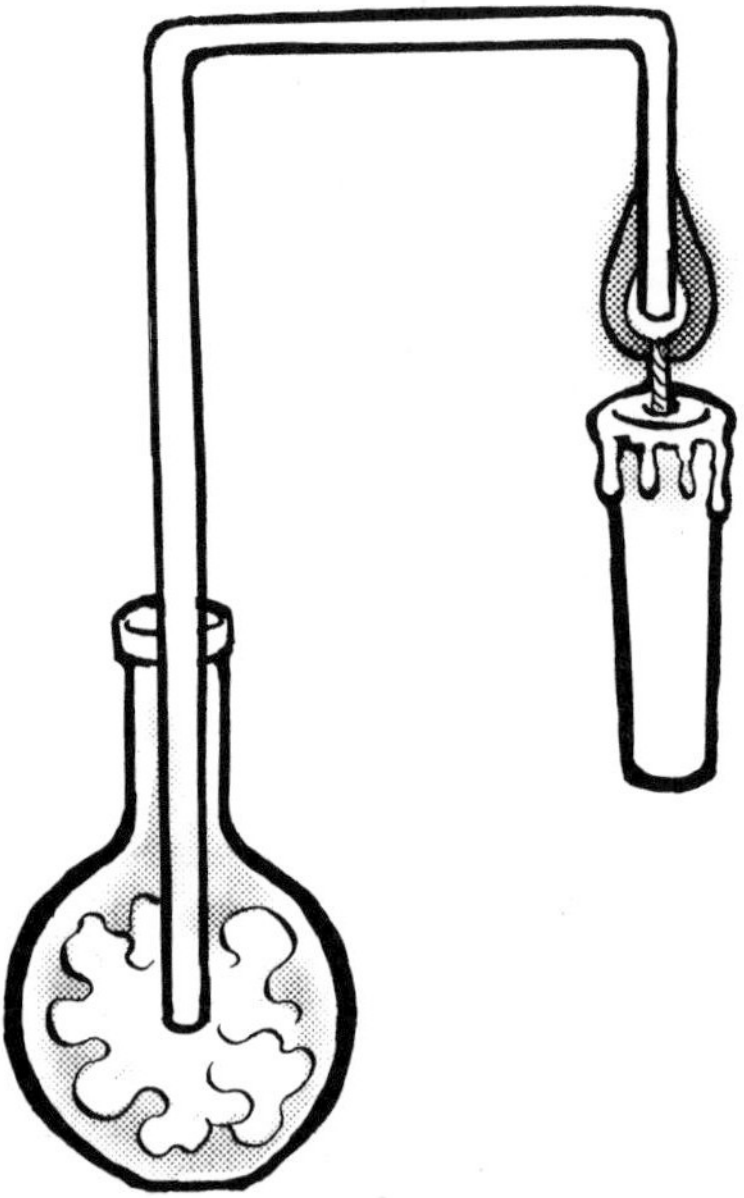

ロウソクの火《ひ》だけでなく、フラスコの中《なか》にあった蒸気《じょうき》も燃《も》えはじめる。

「これで、この気体《きたい》が燃《も》える性質《せいしつ》をもっている、『可燃性《かねんせい》』だということがわかったね」

「ロウソクって、形《かたち》を変《か》えてもロウソクのままなんだね」

先生《せんせい》は、燃《も》え続《つづ》けているロウソクの炎《ほのお》に、べつのガラス管《かん》を差《さ》しこむ。

すると、炎《ほのお》につながっていないガラス管《かん》の出入《でい》り口《ぐち》から、火《ひ》が出《で》てきた。

「さあ、これもよく見《み》てごらん」

『〝ガスをひく〟と言《い》うけれど、
ぼくたちはいま、〝ロウソクをひく〟ことをしたんだ！』

「ガラス管《かん》を使《つか》えば、こうやって、ロウソクの性質《せいしつ》をべつの場所《ばしょ》につなげることができるんだ。

ガラス管《かん》が、ロウソクから出《で》た燃《も》える蒸気《じょうき》をつなげたからだね」

「火《ひ》がつながるなんて、思《おも》ってもみなかったな」

「まるで、手品《てじな》みたいね」

『この実験《じっけん》によって、きみたちは、
二つのロウソクの働《はたら》きを見《み》つけたね。
一つは、蒸気《じょうき》を生《う》みだす働《はたら》き。
もう一つは、蒸気《じょうき》の燃《も》える働《はたら》きだ。
それぞれが、べつべつのところで起《お》こっているね』

「ロウソクは蒸気《じょうき》を作《つく》る。ロウソクの蒸気《じょうき》は燃《も》える。よく覚《おぼ》えておいてね」

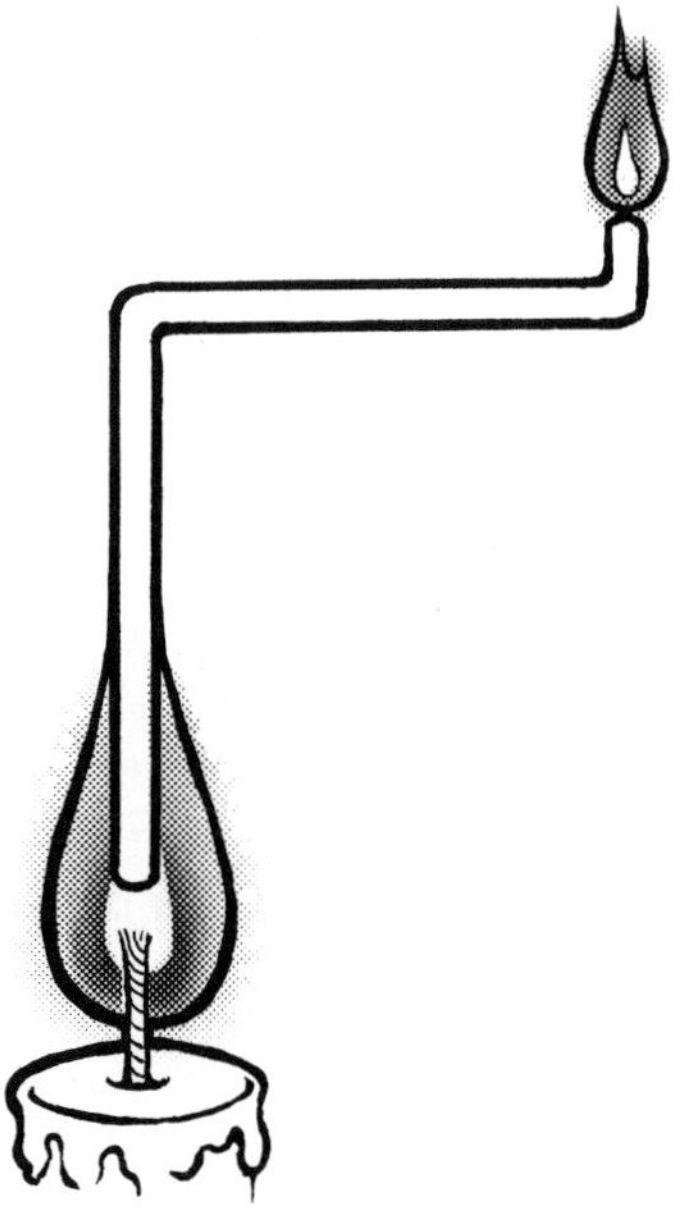

## 実験《じっけん》6　燃《も》えないロウソクがある!?

原出先生《はらでせんせい》は、とつぜん、ふたりにクイズを出《だ》した。

「ロウソクはロウソクでも、燃《も》えないロウソクってなーんだ」

陽菜《ひな》は、首《くび》をかしげた。

先生《せんせい》は、なにかこたえてほしそうに、大翔《ひろと》の顔《かお》を見《み》た。

「そんなこと言《い》われても、さっき、すがたを変《か》えても燃《も》えるって話《はな》したばかりじゃないか」

「ごめんごめん。質問《しつもん》がいじわるだったね。つぎは、燃《も》えないロウソクについて教《おし》えるよ」

先生《せんせい》は、つぎの実験器具《じっけんきぐ》を用意《ようい》する。

用意《ようい》したロウソクは、これまでとまったく同《おな》じ、ふつうのロウソクだ。

そして、先生《せんせい》は、ガラスの円筒《えんとう》をとり出《だ》した。

「まずはロウソクに点火《てんか》して、その後《あと》にこのガラスをかぶせるんだ。外《そと》から観察《かんさつ》できるようにガラスでやっているけど、現象自体《げんしょうじたい》は、ロウソクをおおうものならなんでも起《お》こせるよ」

先生《せんせい》は、円筒状《えんとうじょう》のガラスを、ロウソクにかぶせた。

ロウソクは、しばらく強《つよ》く燃《も》えていたが、やがて火《ひ》の勢《いきお》いが弱《よわ》くなって、消《き》えそうになった。

「これが、『不完全燃焼《ふかんぜんねんしょう》』だ。弱《よわ》く燃《も》えるときがあるんだ」

先生《せんせい》が解説《かいせつ》しているあいだに、火《ひ》は消《き》えてしまった。

「あれ、なにもしていないのに、消《き》えちゃった」

「そうだね。なぜ消《き》えたのかというと、燃《も》えるのに必要《ひつよう》な、あるものがなくなったからなんだ」

「燃《も》えるのに必要《ひつよう》なもの？　ロウソクの原料《げんりょう》の油《あぶら》じゃないの？」

「油《あぶら》はロウソクを作《つく》るために必要《ひつよう》な材料《ざいりょう》だけど、それだけじゃなくて、燃《も》えるためには、まわりの空気《くうき》が大切《たいせつ》なんだ」

「おれたちがすっている、空気《くうき》のこと？」

「そう。たき火《び》に空気《くうき》を送《おく》ると、油《あぶら》がないところでも、火《ひ》を大《おお》きくできるだろう？」

「うん、キャンプのとき、たき火《び》に風《かぜ》を送《おく》った！」

「だからこそ、火《ひ》のとりあつかいは、注意《ちゅうい》が必要《ひつよう》だとも言《い》える。新鮮《しんせん》な空気《くうき》が入《はい》ってくるところでは、小《ちい》さな火《ひ》が大《おお》きく燃《も》え上《あ》がる可能性《かのうせい》があるからね」

「それで……このガラスの中《なか》には、空気《くうき》がなくなったの？」

「おしい！　まだ空気《くうき》はあるけれど、空気《くうき》にふくまれていて、火《ひ》を燃《も》やすのに必要《ひつよう》な酸素《さんそ》がないんだ」


『どうして、消《き》えたのかな？

空気《くうき》が足《た》りなくなった？

でも、円筒《えんとう》の中《なか》にも、まだ空気《くうき》は残《のこ》っている。

真相《しんそう》は『新鮮《しんせん》な空気《くうき》が足《た》りなくなった』ことだ。

円筒《えんとう》の中《なか》の空気《くうき》は、一部《いちぶ》はそのままだけど、一部《いちぶ》が変化《へんか》している。

ロウソクが燃《も》えるのに必要《ひつよう》なのは『新鮮《しんせん》な空気《くうき》』だったんだ。

新鮮《しんせん》な空気《くうき》って？　みんなもいっしょに、考《かんが》えてみよう』

「ここでは、燃《も》えるための酸素《さんそ》が残《のこ》っている空気《くうき》を『新鮮《しんせん》な空気《くうき》』とよんでいるんだ。さっき、ロウソクが消《き》えそうなときに不完全燃焼《ふかんぜんねんしょう》について話《はな》したことを覚《おぼ》えているかい」

「炎《ほのお》が弱《よわ》くなっていたときのことよね。あれは、空気《くうき》が新鮮《しんせん》じゃなくなったから？」

「正解《せいかい》！　空気《くうき》の中《なか》にある酸素《さんそ》が消《き》えていったから、燃《も》え方《かた》が不完全《ふかんぜん》になってしまったんだ。その現象《げんしょう》を利用《りよう》したのが、このアルガン灯《とう》という昔《むかし》のランプさ」

先生《せんせい》は、たなからランプをとり出《だ》した。古《ふる》めかしい、美術品《びじゅつひん》のようにも見《み》えるランプだった。陽菜《ひな》は、目《め》を丸《まる》くしてつぶやいた。

「きれいなランプ」

「そうだろう。ここに、火《ひ》をつけると……」

ランプに火《ひ》が入《はい》ると、周囲《しゅうい》が明《あか》るくなった。先生《せんせい》が部屋《へや》の電気《でんき》を消《け》すと、ランプの光《ひかり》だけが残《のこ》される。

「いま、この部屋《へや》は、ランプの中《なか》に入《はい》っている火《ひ》で照《て》らされてるね。ランプの中《なか》の火《ひ》は、強《つよ》く燃焼《ねんしょう》していて、強《つよ》い明《あか》るさをたもっているんだ」

「新鮮《しんせん》な空気《くうき》が、うまく入《はい》っているのね」

「そう。そして、このランプはすぐれものでね、空気《くうき》の入《い》れ具合《ぐあい》を調整《ちょうせい》できるんだ。見《み》ていてごらん」

先生《せんせい》は、ランプの調整用《ちょうせいよう》のつまみを回《まわ》した。

しばらくすると、部屋《へや》を照《て》らしていたランプの光《ひかり》が、弱々《よわよわ》しくなってしまった。

「これは、ランプの中《なか》で、不完全燃焼《ふかんぜんねんしょう》が起《お》こったということを意味《いみ》しているんだ」

「じゃあ、つまみを逆《ぎゃく》に回《まわ》すと、火《ひ》はまた大《おお》きくなるの？」

「ためしてみようか。やってごらん」

陽菜《ひな》がつまみを回《まわ》すと、部屋《へや》はふたたび、明《あか》るい光《ひかり》でいっぱいになった。


「ということで、火《ひ》が燃《も》えるのはなぜかわかったかな」

「新鮮《しんせん》な空気《くうき》があるからなのね」

「燃《も》え続《つづ》けていると、新鮮《しんせん》じゃなくなって、不完全燃焼《ふかんぜんねんしょう》になる！」

「そう、そして、最終的《さいしゅうてき》には消《き》える。この、燃焼《ねんしょう》・不完全燃焼《ふかんぜんねんしょう》・消火《しょうか》の三つの状態《じょうたい》は、実験《じっけん》でかんたんに再現《さいげん》できるんだ。保護者《ほごしゃ》のかたに見《み》てもらいながら、灰皿《はいざら》の上《うえ》などの安全《あんぜん》なところで、火《ひ》の消《け》し方《かた》を見《み》て学《まな》んでおけると、いざというときに安心《あんしん》だね」

## 実験《じっけん》7　「賢者《けんじゃ》の毛《け》」を作《つく》ってみよう！

「『賢者《けんじゃ》の毛《け》』とよばれるものを作《つく》ってみよう」

先生《せんせい》はそう言《い》って、手早《てばや》く実験装置《じっけんそうち》を用意《ようい》した。

あっというまに、もくもくとした煙《けむり》と、羊毛《ようもう》でできた雲《くも》のようなものがあらわれた。

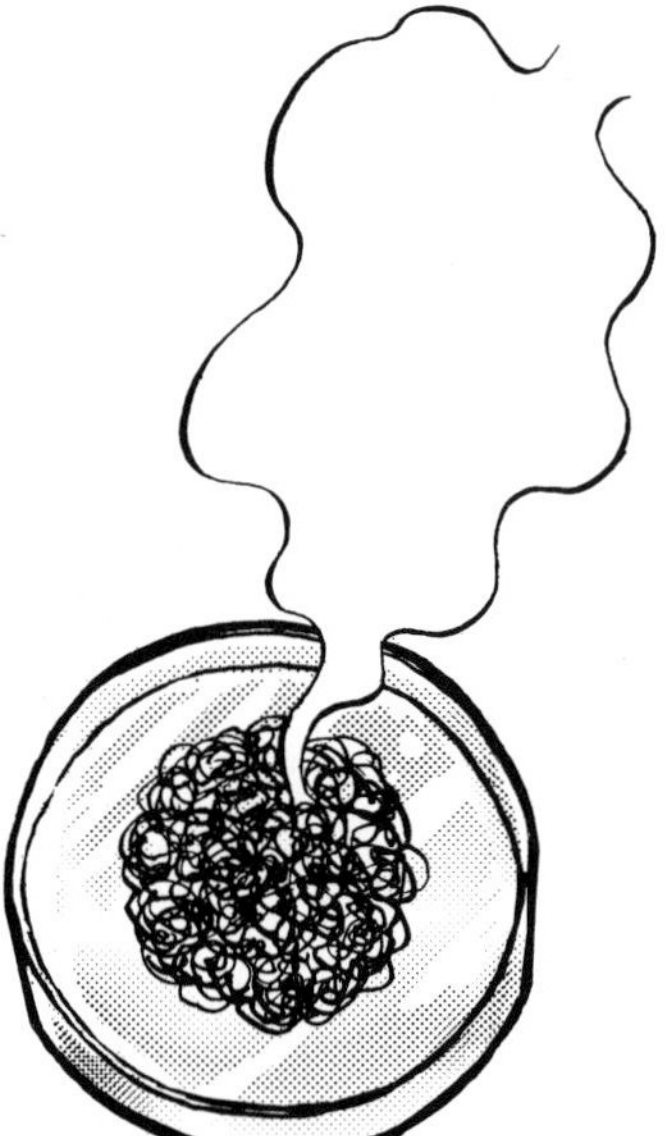

「この雲《くも》のようなものが、賢者《けんじゃ》の毛《け》と言《い》われている。どうだろう。きれいにできたと思《おも》うけど」

「きれい！　でも、どうやって作《つく》ったの？」

「この煙《けむり》も気《き》になるなあ」

「ふたりとも、目《め》の前《まえ》のできごとへの興味《きょうみ》がわいてきているみたいだね」

「もちろん。だって、こんなにきれいだもん」

陽菜《ひな》と大翔《ひろと》は、目《め》をかがやかせて、先生《せんせい》の説明《せつめい》をまった。

「今回使《こんかいつか》ったのは、小《ちい》さなるつぼと炉《ろ》だね。るつぼは、熱《ねっ》に強《つよ》い入《い》れ物《もの》なんだ。炉《ろ》は、火《ひ》をつけられる装置《そうち》で、ロウソクよりも強《つよ》い炎《ほのお》を使《つか》うことができるんだ」

先生《せんせい》は手元《てもと》のカップのようなものをさす。その中身《なかみ》は赤《あか》くごうごうと燃《も》えていて、先生《せんせい》が慎重《しんちょう》にとりあつかっているのが見《み》てとれた。

「とはいえ、これは燃《も》やすための道具《どうぐ》。これだけでは、賢者《けんじゃ》の毛《け》と煙《けむり》はできないね」

「そうだよね。あのきれいな毛《け》になったのは何《なん》なの？」

「亜鉛《あえん》だよ。亜鉛《あえん》をやすりでけずったくずを炉《ろ》に投《な》げこむことで、酸素《さんそ》とくっついて、きれいな形《かたち》になるんだ」

「亜鉛《あえん》……。って、陽菜《ひな》は知《し》ってる？」

「理科《りか》の実験《じっけん》のときとか、食《た》べものの栄養《えいよう》をあらわすときに見《み》るわ」

「人体《じんたい》にもある金属《きんぞく》だね。亜鉛《あえん》も調《しら》べてみるとおもしろいから、自由研究《じゆうけんきゅう》の題材《だいざい》にいいけど……炎《ほのお》に入《い》れると、いろいろな反応《はんのう》をするモノがあることを覚《おぼ》えていて」

「きれいなすがたになることもあるんですね」

「炎《ほのお》と物質《ぶっしつ》のおもしろいところさ。そこで、いろんなモノが複合《ふくごう》したものの燃焼《ねんしょう》を、観察《かんさつ》してみよう」

「いろんなものが混《ま》じりあったものが燃《も》えるとき、何《なに》が起《お》こるんだろう」

「興味深《きょうみぶか》いね。さっそく用意《ようい》してみたから、はじめよう！」


『火薬《かやく》と鉄粉《てつぷん》を混《ま》ぜたものを、燃《も》やしてみよう。

小《ちい》さなすり鉢《ばち》の中《なか》で、二つを混《ま》ぜるんだ』

「というわけで、今回《こんかい》は『火薬《かやく》』を使《つか》う。火薬《かやく》は、花火《はなび》などで使《つか》われている、よく燃《も》える粉《こな》なんだ。とてもあぶないから、はなれて見《み》ていてね」

先生《せんせい》が用意《ようい》したのは、木製《もくせい》のうつわに、少《すこ》しだけ火薬《かやく》を入《い》れたものだ。

「ここに、鉄粉《てっぷん》を混《ま》ぜ合《あ》わせて、『混合物《こんごうぶつ》』にする」

「火薬《かやく》と鉄粉《てっぷん》は、どうちがうの？」

「火薬《かやく》は、よく燃《も》える。鉄粉《てっぷん》は鉄《てつ》だから、ちょっとした火《ひ》では燃《も》えない。では、ここに火《ひ》をつけると、どうなるだろう？　観察《かんさつ》してみよう」

先生《せんせい》が火薬《かやく》と鉄粉《てっぷん》を混《ま》ぜ合《あ》わせたものに火《ひ》をつける。

はなれたところから見《み》ていたふたりは、鉄《てつ》の粉《こな》が飛《と》び上《あ》がるのを見《み》て、ちょっとこわくなった。

それから、混合物《こんごうぶつ》から、明《あか》るい炎《ほのお》が上《あ》がるのを見《み》た。

「なぜ、炎《ほのお》が明《あか》るくなっているんだろう？　火薬《かやく》は炎《ほのお》を上《あ》げて燃《も》えて、鉄粉《てっぷん》は光《ひかり》を放《はな》っているからなんだ。『鉄粉《てっぷん》は燃《も》えているけど、燃《も》えていない』という、ふしぎな状態《じょうたい》だ」

「燃《も》えているけど、燃《も》えていない？」

「火《ひ》によって反応《はんのう》を示《しめ》してはいるけど、火薬《かやく》のように炎《ほのお》を上《あ》げて燃《も》えているわけではない。だから、燃《も》えているのに、燃《も》えていない」

「鍛冶職人《かじしょくにん》は、とけた鉄《てつ》を使《つか》うって聞《き》いたよ」

「そうだね。とても高《たか》い温度《おんど》なら、鉄《てつ》だってとけて液体《えきたい》になる。だけど、これぐらいの火《ひ》の場合《ばあい》は、燃《も》えずに光《ひかり》を放《はな》つんだ。ほかにも、たくさんの金属《きんぞく》が、にたような反応《はんのう》をするよ」

「亜鉛《あえん》も、金属《きんぞく》だから、燃《も》えずに光《ひかり》を放《はな》っていたのか」

「名推理《めいすいり》！　賢者《けんじゃ》の毛《け》も、おなじ原理《げんり》で作《つく》られているんだ。そして……じつは、ロウソクも、この原理《げんり》で光《ひかり》を放《はな》っているんだ」

「そうだったの？」

陽菜《ひな》は自分《じぶん》で作《つく》ったロウソクを思《おも》い出《だ》す。

でも、あのときは金属《きんぞく》を入《い》れた覚《おぼ》えはない。

「じつは、火《ひ》のついたロウソクからは『炭素《たんそ》』が出《で》ているんだ。ファラデーは、火《ひ》に投《な》げこむとつよい光《ひかり》を放《はな》つ石灰《せっかい》にたとえて、それを説明《せつめい》している」


『ロウソクの炎《ほのお》にこもった熱《ねつ》は、ロウの蒸気《じょうき》を分解《ぶんかい》して、炭素《たんそ》の粒《つぶ》を分離《ぶんり》する。その粒《つぶ》が熱《ねつ》せられて、この石灰《せっかい》と同《おな》じように光《ひか》りながら、空気中《くうきちゅう》にとびたつんだ。

しかし、炭素《たんそ》の粒《つぶ》は、燃《も》えてしまうと、もう炭素《たんそ》の形《かたち》ではロウソクから出《で》てこない。

それは完全《かんぜん》に目《め》に見《み》えない物質《ぶっしつ》となって、

空気中《くうきちゅう》にたちさっていく』

「では、目《め》に見《み》えないものを、どうすれば観察《かんさつ》できるかな？　つぎの実験《じっけん》で、おもしろい方法《ほうほう》をためしてみよう」

## 実験《じっけん》8　熱気風船《ねっきふうせん》を飛《と》ばしてみよう！

つぎに先生《せんせい》がとり出《だ》したのは、軽《かる》い素材《そざい》でできた風船《ふうせん》だった。

「風船《ふうせん》がどんなものか、知《し》ってるかな」

「丸《まる》くて、空《そら》を飛《と》ぶふくろ！」

「じゃあ、何《なに》が入《はい》っていると思《おも》う？」

「たしか、なにかのガスだった。風船《ふうせん》を作《つく》るところに行《い》ったことがあるけど、あぶないから気《き》をつけてって言《い》われたな」

「たいていの場合《ばあい》、ヘリウムガスだね。ヘリウムは空気《くうき》よりも軽《かる》いから、風船《ふうせん》は空《そら》に浮《う》くんだ」

「えっ、空気《くうき》って重《おも》さがあるの？」

「ぼくたちは生《う》まれたときから空気《くうき》といるから気《き》づかないけど、空気《くうき》には、重《おも》さがあるんだ」

「ぜんぜん、感《かん》じられないな」

「じつはヘリウムは空気《くうき》の中《なか》にも混《ま》じっているんだ」

先生《せんせい》は風船《ふうせん》をたなにしまう。

「今回《こんかい》は風船《ふうせん》を使《つか》って、ロウソクから出《で》ていった蒸気《じょうき》がどうなるのかを、観察《かんさつ》してみよう」

『ここに、紙風船《かみふうせん》を用意《ようい》したよ。
なぜ、紙風船《かみふうせん》を使《つか》うかというと、
これから観察《かんさつ》したい、燃焼《ねんしょう》からできる見《み》えない物質《ぶっしつ》の
量《りょう》をはかるための、はかりがほしいからなんだ。
まずは、観察《かんさつ》しやすい、大《おお》きい炎《ほのお》を作《つく》っていこう』

「ということで、この液体《えきたい》はアルコール、小《ちい》さな気球《ききゅう》みたいなものは熱気風船《ねっきふうせん》だよ」

先生《せんせい》は皿《さら》をとり出《だ》し、そこにアルコールを注《そそ》ぎこむ。

「このアルコールは、ロウソクにおける油《あぶら》だね。ここに火《ひ》を入《い》れれば、強《つよ》い炎《ほのお》となるよ。ただ、ロウソクとちがって炭素《たんそ》はあまりふくまないから、暗《くら》い炎《ほのお》になるね」

「じゃあ、わたしたちは少《すこ》しはなれたところで見《み》てるね」

陽菜《ひな》は大翔《ひろと》の手《て》を引《ひ》き、少《すこ》し慣《な》れた感《かん》じで、先生《せんせい》と距離《きょり》を置《お》いた。

「炎《ほのお》を使《つか》う実験《じっけん》はきけんだからね。熱気風船《ねっきふうせん》をセットしよう」

熱気風船《ねっきふうせん》は皿《さら》におおいかぶさり、皿《さら》の炎《ほのお》を受《う》け止《と》める形《かたち》になる。

先生《せんせい》がアルコールの皿《さら》に火《ひ》をつけると、暗《くら》い炎《ほのお》が燃《も》え上《あ》がった。

「これだけの熱量《ねつりょう》があるけど、ロウソクと同《おな》じような原理《げんり》で燃《も》えているんだ。だから、出《で》てくる気体《きたい》も同《おな》じ。その気体《きたい》を、この熱気風船《ねっきふうせん》がキャッチすると……」

しばらく見《み》ていると、熱気風船《ねっきふうせん》は浮《う》き上《あ》がり、理科研究所《りかけんきゅうじょ》のてんじょう近《ちか》くまで昇《のぼ》ってから、部屋《へや》のすみに落《お》ちた。

「わあ、こんなに飛《と》ぶのね」

「特製《とくせい》の熱気風船《ねっきふうせん》だからね。ここで大事《だいじ》なのは、量《りょう》。多量《たりょう》の物質《ぶっしつ》が気体《きたい》として発生《はっせい》したことによって、風船《ふうせん》を持《も》ち上《あ》げたんだ」

「そんなにたくさんの気体《きたい》が出《で》ているんだ」

「これはロウソクも同《おな》じだね。今日《きょう》の実験《じっけん》で、ロウソクは蒸気《じょうき》になることがわかったけど、その量《りょう》はおどろくほど多《おお》いんだ」

「見《み》えない気体《きたい》の大《おお》きさを測《はか》るために、風船《ふうせん》が必要《ひつよう》だったんだ」

「だからファラデーは、風船《ふうせん》のことをはかりと言《い》ったのね」

「熱気風船《ねっきふうせん》を持《も》ち上《あ》げた蒸気《じょうき》の正体《しょうたい》は何《なに》か。たしかめるため、もう一つ、実験《じっけん》をしてみよう」

先生《せんせい》がつぎに用意《ようい》したのは、ロウソクと太《ふと》いガラス管《かん》だ。

「こっちの実験《じっけん》は、このロウソクに火《ひ》をともして、ガラス管《かん》を上《うえ》にかぶせる」

先生《せんせい》が言《い》ったとおりにガラス管《かん》を設置《せっち》すると、ロウソクの蒸気《じょうき》がガラス管《かん》を通《とお》って、ガラス管《かん》の表面《ひょうめん》をくもらせる。

「くもってきたのがわかるよね。これが、ロウソクに火《ひ》を灯《とも》したときに出《で》る気体《きたい》の正体《しょうたい》だ」

「このくもりがそうなんですか?」

「そうだよ。くもりの正体《しょうたい》は、いったいなんだろう？」

『さて、つぎの実験《じっけん》までのあいだに、ヒントを出《だ》そう。
みんなの考《かんが》えを進《すす》めるための、
このくもりを起《お》こしたものの正体《しょうたい》は、『水《みず》』。
では、次回《じかい》は、そのくもりのもとを、
液体《えきたい》の形《かたち》で、かんたんにつかまえてみよう』

「これが、次回《じかい》の実験《じっけん》の内容《ないよう》だよ」

「水《みず》？」

「このガラス管《かん》のくもり、たしかに水滴《すいてき》が見《み》えるけど……」

「さて、どうして水《みず》ができるのかな？　次回《じかい》をおたのしみに！」

## 実験《じっけん》をおえて

昨日《きのう》と同《おな》じように、夕日《ゆうひ》が理科研究所《りかけんきゅうじょ》に入《はい》ってきた。

「今日《きょう》はもう終《お》わりか」

入《はい》ってきた夕日《ゆうひ》を見《み》ながら、大翔《ひろと》は残念《ざんねん》そうに言《い》う。

「今日《きょう》はここまでだね。実験《じっけん》が多《おお》かったから、その辺《あた》りの片《かた》づけを手伝《てつだ》ってくれるかな」

「はーい」

ふたりは先生《せんせい》の片《かた》づけを手伝《てつだ》って、たなの中《なか》に実験器具《じっけんきぐ》を入《い》れていく。

片《かた》づけながら、すっかりなじんできたと、陽菜《ひな》と大翔《ひろと》は思《おも》った。

「ファラデーは、たくさんの実験《じっけん》をしたり、たくさんの実験《じっけん》を見《み》てきたりしたんだ。ちょうど今《いま》のきみたちみたいにね」

片《かた》づける最中《さいちゅう》に、先生《せんせい》がそう話題《わだい》をふった。

「時《とき》には海外《かいがい》に旅《たび》に出《で》て、実験室《じっけんしつ》を見《み》せてもらうこともしていたんだよ」

「そんなに見《み》たかったんですか？」

「当時《とうじ》は実験《じっけん》に使《つか》う物《もの》も道具《どうぐ》も手《て》に入《はい》りにくかったみたいだし、それに……」

「それに？」

「ぼくは思《おも》うんだ。ファラデーは実験《じっけん》が好《す》きだったんじゃないかなって」

「それ、わかるかも。たのしいもんね、実験《じっけん》」

陽菜《ひな》はちょっとだけ、ファラデーを身近《みぢか》に感《かん》じた。

実験《じっけん》はたのしいし、こうやって理科研究所《りかけんきゅうじょ》に通《かよ》うことも、好《す》きだ。

「実際《じっさい》に、実験《じっけん》がたのしかったことを友達《ともだち》に伝《つた》える手紙《てがみ》も残《のこ》しているし、製本職人《せいほんしょくにん》の徒弟《とてい》として生活《せいかつ》していた時代《じだい》にも、自分《じぶん》でいろいろな物《もの》を買《か》って実験《じっけん》しているんだ」

「そんなに好《す》きだったのか……」

「ぼくが紹介《しょうかい》している実験《じっけん》も、ファラデーの実験《じっけん》の一部《いちぶ》だからね。ところで、今日《きょう》のまとめだよ」

『燃《も》えるものは、ロウソクの場合《ばあい》のように、
燃《も》えているさいちゅうに、または、

火薬《かやく》と鉄粉《てつぷん》の混合物《こんごうぶつ》の場合《ばあい》のように燃《も》えた直後《ちょくご》に、
炎《ほのお》の中《なか》に固体《こたい》の粒《つぶ》を出《だ》して、
キラキラと光《ひか》る、美《うつく》しい光《ひかり》をはなつことが
よくわかる実験《じっけん》だったね』

「ロウソクの明《あか》るさが照明《しょうめい》に使《つか》われてきたのも、混合物《こんごうぶつ》の特性《とくせい》があったからというわけだ」

# 第《だい》三章《しょう》　煙《けむり》でガラスが「くもる」のはなぜ？

つぎの日《ひ》。三度《みたび》、ふたりは理科研究所《りかけんきゅうじょ》にやってきた。

すると、今日《きょう》は先生《せんせい》がひじを机《つくえ》について、ロウソクの炎《ほのお》をながめていた。

炎《ほのお》は、はげしくゆらめいている。

「あれ、今日《きょう》はまどを開《あ》けているんですか」

そこで、陽菜《ひな》は気《き》づいた。この前《まえ》とちがって、まどが開《ひら》いている。

「よく気《き》づいたね。炎《ほのお》と風《かぜ》の関係《かんけい》が、わかってきているじゃないか」

「もしかして、これってテスト？」

「ちょっとだけ、ためさせてもらったよ。おとといに言《い》ったことは、覚《おぼ》えているかな」

「空気《くうき》で炎《ほのお》は形《かたち》を変《か》える！」

「正解《せいかい》。理科《りか》について、好《す》きになってきてくれたかな？」

「まだわかんないけど、たぶん」

大翔《ひろと》は、そうやって反応《はんのう》をする。

「こんなふうに、少《すこ》しずつ知識《ちしき》を手《て》に入《い》れることは、きっと何《なに》かの役《やく》に立《た》つさ」

「まずは自由研究《じゆうけんきゅう》、だよね」

「そうだった、自由研究《じゆうけんきゅう》なににしようかな」

とつぜん、先生《せんせい》がなにかを探《さが》しはじめたので、なにを出《だ》すのかと思《おも》ったら、ミルクの粉《こな》だった。

「まずは、紅茶《こうちゃ》でひと息《いき》つこうか。今日《きょう》はロウソクで温《あたた》めた味《あじ》だよ」

そう言《い》って、ビーカーのお湯《ゆ》で作《つく》った紅茶《こうちゃ》にミルクの粉《こな》を入《い》れて渡《わた》すものだから、ふたりはなんだかおもしろくて笑《わら》ってしまった。

「いつもそうだけど、なんだか変《へん》だよ先生《せんせい》」

「そうかな。温度《おんど》や量《りょう》を測《はか》って、投入《とうにゅう》することで起《お》きる変化《へんか》を観察《かんさつ》するところが実験《じっけん》と似《に》ていて、たのしいと思《おも》うんだけど」

「そうかな？」

「そうかも」

ふたりは、それぞれ別々《べつべつ》の反応《はんのう》を口《くち》にした。

## 実験《じっけん》9　ロウソクから水《みず》をとり出《だ》せる!?

「ロウソクからとり出《だ》せるものには、どんなものがあるか、わかるかな？」

「作《つく》ったときに見《み》た、油《あぶら》とか？」

「油《あぶら》はロウソクにあるね。それ以外《いがい》にも、燃《も》やすことでいろんなものがとり出《だ》せるよ」

「わかった、昨日《きのう》言《い》っていた炭素《たんそ》だ！　燃《も》やすと出《で》てくるんだよね」

「目《め》に見《み》えない形《かたち》になって出《で》てくるのも学《まな》んだね」

『一本《いっぽん》のロウソクが燃《も》えたとき、うまいしかけをすれば、
そこからいろいろな生成物《せいせいぶつ》をとり出《だ》せることがわかったね。
そして、ロウソクがふつうに燃《も》えたときには、
どうしてもとり出《だ》せない一つの物質《ぶっしつ》があった。
それは炭《すみ》、つまり、煙《けむり》だった。

それからまた、煙《けむり》のように目《め》に見《み》えることがなく、
炎《ほのお》からたちのぼっていく、いくつかの物質《ぶっしつ》もあった。
それは、何《なに》かべつの形《かたち》をとって、
全体《ぜんたい》の流《なが》れの一部《いちぶ》となって、目《め》に見《み》えない形《かたち》で、
ロウソクから上昇《じょうしょう》して、にげていくんだ』

「ということで、残《のこ》った蒸気《じょうき》について、調《しら》べていこう。昨日《きのう》、気球《ききゅう》のような熱気風船《ねっきふうせん》を飛《と》ばしたのも、蒸気《じょうき》だ」

「その正体《しょうたい》は水《みず》だって言《い》ってたね」

「そう。では、水《みず》が出《で》ていることを実験《じっけん》で証明《しょうめい》しよう」

先生《せんせい》が用意《ようい》したのは、氷《こおり》がいっぱい入《はい》ったボウルだった。

そこに、食塩《しょくえん》をたくさんふりかける。

「普通《ふつう》の食塩《しょくえん》と氷《こおり》だね。水《みず》をとり出《だ》すためには、こういう装置《そうち》で炎《ほのお》を冷《ひ》やす必要《ひつよう》があるんだ」

「この氷《こおり》から出《で》た水《みず》と、ロウソクから出《で》た水《みず》はちがうんですか？」

「気《き》をつけないといけないところだね。ボウルの底《そこ》にたまっていくのは、この氷《こおり》がとけて食塩水《しょくえんすい》

になったものだよ。だけど、この実験《じっけん》でロウソクから作《つく》った水《みず》はちがうところにできるんだ」

「気《き》をつけて観察《かんさつ》します」

「これは大翔《ひろと》くんに手伝《てつだ》ってもらいたいな。このボウルを持《も》っててくれるかな」

「はーい」

「そして、つぎにロウソクに火《ひ》をつける。この火《ひ》を大翔《ひろと》くんが持《も》っているボウルの下《した》に持《も》っていくから、気《き》をつけて持《も》っててね」

言《い》ったとおりに、先生《せんせい》がロウソクの火《ひ》をボウルの下《した》に持《も》っていき、温《あたた》めると、ボウルの下部《かぶ》から水滴《すいてき》が落《お》ちはじめた。

「これが、ロウソクから出《で》た水《みず》なの？」

観察《かんさつ》していた陽菜《ひな》は、ボウルの下部《かぶ》を注意《ちゅうい》して見《み》る。

時間《じかん》がたつにつれて、ぽたぽたとたくさんの水滴《すいてき》が落《お》ちてくるので、少《すこ》しおもしろい光景《こうけい》だなと陽菜《ひな》は思《おも》う。

「あ、こっちも底《そこ》に水《みず》がたまっているよ」

ボウルを持《も》っていた大翔《ひろと》が言《い》った。

「そっちは氷《こおり》がとけた水《みず》だね。そして、こっちが……」

先生《せんせい》はロウソクを横《よこ》にどけて、代《か》わりにコップをボウルの下《した》に置《お》く。

そのコップの中《なか》に、落《お》ちてきた水滴《すいてき》が入《はい》った。

「これが、ロウソクから出《で》てきて凝結《ぎょうけつ》した水《みず》のとり出《だ》し方《かた》だよ。大翔《ひろと》くんは、もうボウルを置《お》いてもいいからね」

「ロウソクの水《みず》って、こんなかんたんに作《つく》れちゃうんだ」

「でもこの水《みず》って、ただの水《みず》なのかな？」

「そう、これはただの水《みず》だよ」

「ロウソクの水《みず》だからって、特別《とくべつ》なことはないんだね」

「アルコールランプでも、石油《せきゆ》ランプでも、同《おな》じようなことができるね。燃焼《ねんしょう》をする物質《ぶっしつ》なら、ほとんど水《みず》を作《つく》ることができるんだ」

「じゃあ、この水《みず》ってきちょうじゃないの？」

「きちょうさ。きみたちが自分《じぶん》の手《て》で作《つく》った水《みず》なんだからね。その水《みず》になるまでの過程《かてい》をレポートにしてみるのも、自由研究《じゆうけんきゅう》になるよ」
「そっか。こうやって実験《じっけん》をしてみることが大事《だいじ》なんだね」
「そうだね。それと、この実験《じっけん》で大事《だいじ》なのは、冷《つめ》たいところで水滴《すいてき》が作《つく》られるということだよ」

『ロウソクから出発《しゅっぱつ》する上昇気流《じょうしょうきりゅう》の中《なか》には、冷《つめ》たいスプーンにふれたとき、または、きれいな皿《さら》にふれたときなど、何《なに》か冷《つめ》たいもののところで凝結《ぎょうけつ》する部分《ぶぶん》と凝結《ぎょうけつ》しない部分《ぶぶん》とがあるんだ』

「これは、身《み》の回《まわ》りでも、よく見《み》られるできごとだね」

# 実験《じっけん》10 水《みず》と氷《こおり》は、どっちが重《おも》いの？

先生《せんせい》は、さっきの実験《じっけん》で使《つか》ったボウルをふたりの前《まえ》に出《だ》しながら、説明《せつめい》をはじめた。

「陽菜《ひな》くんは、固体《こたい》、液体《えきたい》、気体《きたい》の三つを説明《せつめい》するときに、氷《こおり》、水《みず》、水蒸気《すいじょうき》を使《つか》ったね」

「そうです。学校《がっこう》の先生《せんせい》の受《う》け売《う》りだけど、水《みず》が液体《えきたい》で、氷《こおり》が固体《こたい》、水蒸気《すいじょうき》が気体《きたい》なんですよね」

「それぞれ、冷《ひ》やしたり、温《あたた》めたりすることで形《かたち》を変《か》えることはごぞんじのとおり」

先生《せんせい》はボウルのとけかけている氷《こおり》や、とけきって水《みず》になったところを見《み》せて、話《はなし》を続《つづ》ける。

「具体的《ぐたいてき》には、温度《おんど》を下《さ》げるとどうなるかな」

「氷《こおり》になります」

「ということで、水《みず》を冷《ひ》やしてみよう。冷凍庫《れいとうこ》がこの研究所《けんきゅうじょ》にもあるから、そこに、このコップAを入《い》れてみるよ」

「冷凍庫《れいとうこ》もあるんだ」

「さっき氷水《こおりみず》を出《だ》していたわ」

「そっか、氷《こおり》を実験《じっけん》に使《つか》うから冷凍庫《れいとうこ》があるんだ」

「冷凍庫《れいとうこ》は、理科《りか》の実験《じっけん》で大事《だいじ》だからね。次《つぎ》に、氷《こおり》の温度《おんど》を温《あたた》めると？」

「水《みず》になるよね。そのボウルの中身《なかみ》がそうだよ」

「そのとおり。この水《みず》をコップＢに入《い》れる」

「さっきからコップを増《ふ》やしてどうするの」

「水《みず》の〝体積《たいせき》〟について調《しら》べてみるわけさ。さっき冷凍庫《れいとうこ》に入《い》れたコップＡも、このコップＢも、量《りょう》を量《はか》るための目《め》もりがついているんだ」

陽菜《ひな》たちがよく見《み》てみると、コップの中《なか》には、量《りょう》を量《はか》るための数字《すうじ》が書《か》かれている。

「水《みず》は氷《こおり》や水蒸気《すいじょうき》になったとき、体積《たいせき》を変《か》える」

先生《せんせい》はコップＢにしっかりとしたふたをして、アルコールランプで熱《ねっ》しはじめた。

「あとは待《ま》つだけだね。一休《ひとやす》みをしよう」

「時間《じかん》のかかる実験《じっけん》なんですね」

「コップの中身《なかみ》が水蒸気《すいじょうき》と氷《こおり》になるまで、時間《じかん》が必要《ひつよう》だからね」

ということで、三人《にん》はお茶《ちゃ》をしながら待《ま》つことにした。

しばらくして、パァン！　という音《おと》が冷凍庫《れいとうこ》から鳴《な》った。

「何《なに》が起《お》こったの！」

びっくりした陽菜《ひな》が冷凍庫《れいとうこ》を開《あ》けると、コップAがわれてしまっていた。

「これって、実験《じっけん》が失敗《しっぱい》したんですか？」

「いや、これで成功《せいこう》さ。水《みず》が氷《こおり》になるときは、強《つよ》い力《ちから》が発生《はっせい》する。氷《こおり》になった圧力《あつりょく》が、このコップを粉砕《ふんさい》するほどの力《ちから》となるんだ」

「氷《こおり》って、こんなに力持《ちからも》ちなんですね」

「こんな力《ちから》が、身近《みぢか》に存在《そんざい》しているんだよ。次《つぎ》にコップBのほうを見《み》てみようか」

アルコールランプで熱《ねっ》せられているコップBのほうを見《み》てみると、こちらはグツグツとにえたぎっていた。

しっかりしめていたはずのふたは、コップの中《なか》からの力《ちから》に負《ま》けて、外《はず》れ落《お》ちてしまった。

「こっちも、大《おお》きな力《ちから》が発生《はっせい》したみたいだね」

「ふたを外《はず》した力《ちから》のことですか？」

「そうだよ。このコップでは、中《なか》の水《みず》が水蒸気《すいじょうき》に変《か》わったことで、コップの中《なか》におさまらなくなった。だから、外《そと》に出《で》ようとして、ふたを内《うち》がわからむりやり外《はず》したんだ」

「どうしてそんなことに？」

「体積《たいせき》、つまりは大《おお》きさが変《か》わったんだよ」

「そっか、冷凍庫《れいとうこ》で見《み》た氷《こおり》も大《おお》きくなっていたし、水蒸気《すいじょうき》もコップの中《なか》におさまらなかった」

「それを説明《せつめい》する前《まえ》に、もう一つ見《み》てもらいたいものがあるんだ」

先生《せんせい》はふたたび氷《こおり》と水《みず》が入《はい》ったボウルをとり出《だ》した。

時間《じかん》がたっているので、ほとんど氷《こおり》は残《のこ》っておらず、水《みず》の中《なか》に氷《こおり》が浮《う》いている状態《じょうたい》だ。

「氷《こおり》は、水《みず》に浮《う》くんだよ」

「……言《い》われてみれば」

そんなふうに言《い》われて、大翔《ひろと》はようやく気《き》づいた。コップにジュースを入《い》れて、氷《こおり》を入《い》れて飲《の》むことはよくあるのに、そこで氷《こおり》が浮《う》いているなんて、気《き》づかなかった。

「氷《こおり》が水《みず》に浮《う》くのは、なぜだろう？」

『この例《れい》について、みんなも、科学的《かがくてき》に考《かんが》えてみよう。
氷《こおり》は、それを作《つく》った水《みず》の体積《たいせき》よりも大《おお》きくなる。
そこで、氷《こおり》とおなじ体積《たいせき》の水《みず》を用意《ようい》するとしたら、
氷《こおり》の材料《ざいりょう》よりも、多《おお》くの水《みず》が必要《ひつよう》になる。
つまり、おなじ体積《たいせき》の氷《こおり》と水《みず》だと、水《みず》のほうが、氷《こおり》よりも重《おも》いことになる』

「だから、氷《こおり》は水《みず》より軽《かる》くなり、水《みず》に浮《う》かぶといえるんだ！」

## 実験《じっけん》11　氷《こおり》と水《みず》と水蒸気《すいじょうき》をあやつろう！

前《まえ》の実験《じっけん》に使《つか》った道具《どうぐ》のうち、いくつかはそのまま机《つくえ》の上《うえ》においてあった。

それは、氷《こおり》の入《はい》った水《みず》さしとアルコールランプで熱《ねっ》して沸騰《ふっとう》させたお湯《ゆ》だ。

「これらについて、くわしく見《み》てみよう。そのちがいを書《か》くことも、自由研究《じゆうけんきゅう》になるよ」

「氷《こおり》と水《みず》と水蒸気《すいじょうき》？」

「氷《こおり》も水《みず》も、よく知《し》ってるよ。水蒸気《すいじょうき》は、見《み》るのは難《むずか》しいかな」

「水蒸気《すいじょうき》は見《み》えないからね。でも、湿気《しっけ》や湿度《しつど》という言葉《ことば》を耳《みみ》にしたことあるよね」

「天気予報《てんきよほう》で、湿度《しつど》が何《なん》パーセントとか、そういうのを聞《き》いたわ」

「高《たか》いとジメジメしてるんだよな。おれ、ジメジメ嫌《きら》い！」

「あれも水蒸気《すいじょうき》が関係《かんけい》しているんだ。何《なに》が起《お》こっているのか、それを調《しら》べるのも……」

「自由研究《じゆうけんきゅう》だってことでしょ」

「わかってきたね。空気中《くうきちゅう》に水蒸気《すいじょうき》が多《おお》いと、みんなはジメジメしたものを感《かん》じるんだ」

「空気《くうき》にも、水蒸気《すいじょうき》が混《ま》じっているのか」

「どうすれば水《みず》に戻《もど》るのかしら」

「そんな水蒸気《すいじょうき》はちょっとしたきっかけで、みんなの前《まえ》に出《で》てくるよ」

『水蒸気《すいじょうき》は、凝結《ぎょうけつ》して水《みず》になる性質《せいしつ》のものだ。
だから、水蒸気《すいじょうき》の温度《おんど》をさげれば、
それは液体《えきたい》の水《みず》にもどるはず』

次《つぎ》にとり出《だ》したのは、ふたのある変《か》わった缶《かん》だった。

「自動販売機《じどうはんばいき》の缶《かん》とはちがう形《かたち》だ。何《なん》だろう、実験用《じっけんよう》かな」

「これは密閉《みっぺい》できる缶《かん》だよ。みんなが知《し》っている水筒《すいとう》に近《ちか》いかな」

「その中《なか》には、何《なに》が入《はい》ってるの？」

「中《なか》に入《はい》っているのは水蒸気《すいじょうき》さ。これを、水《みず》にもどしてみよう」

先生《せんせい》が冷《つめ》たい水《みず》を缶《かん》にかけると、「べこっ」という大《おお》きな音《おと》が実験室《じっけんしつ》に鳴《な》りひびいた。

缶《かん》は、まるで大人《おとな》が強《つよ》い力《ちから》でにぎったあとのように、つぶれていた。

「うわっ、びっくりした」

「これも、氷《こおり》ができたときみたいに、強《つよ》い力《ちから》がはたらいたんですか」

「水蒸気《すいじょうき》が水《みず》に変《か》わるとき、体積《たいせき》がへって、中《なか》に真空《しんくう》ができたんだ。それで、つぶれたんだよ」

「冷《ひ》えるだけで、水蒸気《すいじょうき》から水《みず》になるんだね」

「夏《なつ》に冷《つめ》たいペットボトルや缶《かん》を置《お》いておくと、まわりに水滴《すいてき》ができるのは、これと同《おな》じさ。アイスのまわりに冷《つめ》たい水《みず》が出《で》てくるのも、そうだね」

『実験《じっけん》をはなれて、しずかに考《かんが》えてみよう。
これからきみたちは、水《みず》が生《う》まれるようなどんな変化《へんか》を見《み》ても、
まどわされることはないだろう。
水《みず》はどこにあっても、同《おな》じものだからね』

「海《うみ》からもってきた水《みず》も、ロウソクの炎《ほのお》から出《で》てきた水《みず》も、ぜんぶ、同《おな》じ水《みず》だということさ」

「考《かんが》えてみればそうだな。海《うみ》って、大《おお》きな水《みず》たまりだ」

「そうね、もしかして湖《みずうみ》の水《みず》も……」

「海《うみ》や湖《みずうみ》の水《みず》も、水蒸気《すいじょうき》を作《つく》っていると言《い》われている。さて、ここでロウソクに戻《もど》ろうか」

原出先生《はらでせんせい》のロウソクは、ガスバーナーで、氷水《こおりみず》の入《はい》ったビーカーを熱《ねっ》していた。

熱《ねっ》したビーカーの底《そこ》からは、水滴《すいてき》が落《お》ちている。

「この実験《じっけん》は前《まえ》と同《おな》じだね。こうやってとり出《だ》した水《みず》は、どこから来《き》ていると思《おも》う？」

「おかしいわね。熱《ねっ》を与《あた》えたなら、水蒸気《すいじょうき》になるはずなのに」

「ロウソクの中《なか》に水《みず》があるわけじゃないし……」

「水《みず》とロウソク。その二つが組《く》み合《あ》わさることで、この水《みず》はできるんだ」

「どうして、油《あぶら》から作《つく》ったロウソクと水《みず》が合《あ》わさると、新《あたら》しい水《みず》ができるのかしら？」

「そこには、水素《すいそ》という元素《げんそ》が関《かか》わってくる」


『水素《すいそ》という物質《ぶっしつ》は、科学《かがく》において、元素《げんそ》と呼《よ》ばれるものの一種《いっしゅ》なんだ。それ以上《いじょう》、分解《ぶんかい》することができないところから、元素《げんそ》と名《な》づけられている』


「水素《すいそ》は、ほかの物《もの》には変《か》わらず、なにかと結《むす》びついて水《みず》を作《つく》り出《だ》す元素《げんそ》なんだ」

「だから水《みず》の素《もと》と書《か》いて水素《すいそ》なのね。わかりやすいわ」

「水《みず》は最初《さいしょ》から水《みず》だと思《おも》われやすいけど、何《なに》かと何《なに》かが組《く》み合《あ》わさってできているんだ」

## 実験《じっけん》12　「賢者《けんじゃ》のともし火《び》」を作《つく》ってみよう！

原出先生《はらでせんせい》は、ローブをかぶって作《つく》りものの杖《つえ》を手《て》にしていた。

「賢者《けんじゃ》のともし火《び》、というものを作《つく》ろうと思《おも》う」

「それ、雰囲気作《ふんいきづく》りのコスプレですか？」

陽菜《ひな》は、変《か》わった格好《かっこう》に苦笑《くしょう》する。

「意外《いがい》と、変《か》わったこともするのね、先生《せんせい》」

「賢者《けんじゃ》が教《おし》える実験《じっけん》をしたいけど、これはより注意《ちゅうい》が必要《ひつよう》なものなんだ」

『理科《りか》の勉強《べんきょう》が進《すす》むと、ぼくたちは、
一つでもまちがったら、体《からだ》にわるいような物質《ぶっしつ》を、
とりあつかわなければならなくなってくる。
酸《さん》でも熱《ねつ》でも燃焼物《ねんしょうぶつ》でも、理科室《りかしつ》で使《つか》うものは、

万一《まんいち》、不注意《ふちゅうい》にあつかったら、けがややけどをしてしまう』

「ファラデーも注意《ちゅうい》しているのね。理科《りか》の先生《せんせい》も、実験《じっけん》のときに注意《ちゅうい》していたわ」

「そういえば、何度《なんど》も言《い》っていたなあ」

「実験《じっけん》には、危険《きけん》な薬品《やくひん》を使《つか》うこともあるんだ。こんどは、硫酸《りゅうさん》という薬品《やくひん》を使《つか》う」

原出先生《はらでせんせい》は真剣《しんけん》な顔《かお》をしたまま、薬品《やくひん》の入《はい》ったびんを、鍵《かぎ》のかかっていた棚《たな》から、鍵《かぎ》を開《あ》けてとり出《だ》す。

びんには、硫酸《りゅうさん》というラベルがかかっている。

「これに加《くわ》えて、この道具《どうぐ》を使《つか》う」

ガラスのびんに、ガラス管《かん》が刺《さ》さったコルクをふたとしてはめたものが机《つくえ》の上《うえ》に置《お》かれた。

「ガラス管《かん》がストローみたいね。紙《かみ》パックのジュースに、ストローをさしたみたい」

「陽菜《ひな》は食《く》いしん坊《ぼう》だから、そんな発想《はっそう》ばかりだな」

「もう、ちゃかさないでよ。どこかで見《み》た覚《おぼ》えがあったから、言《い》っただけなの！」

「ほらほら、けんかしない。でも、紙《かみ》パックのジュースというのは、するどいね。そういう状態《じょうたい》が、この中《なか》には作《つく》られているよ」

びんの中《なか》には何《なに》か金属《きんぞく》のような小《ちい》さな切《き》れはしが入《はい》っている。

それは、蛍光灯《けいこうとう》の光《ひかり》を反射《はんしゃ》して、うっすらと光《ひか》っているように見《み》えた。

「この、ぴかぴか光《ひか》っている、小《ちい》さいのはなにかしら？」

「これは亜鉛《あえん》だね。金属《きんぞく》の一種《いっしゅ》なのは覚《おぼ》えているかな。ここからはとても危険《きけん》だから、ぼくだけで進《すす》めよう」

原出先生《はらでせんせい》はびんの中《なか》に水《みず》を入《い》れる。

びんいっぱいには水《みず》を入《い》れず、水《みず》を入《い》れてからしばらく間《ま》を置《お》いた。

「この実験《じっけん》で発生《はっせい》する水素《すいそ》は、非常《ひじょう》に燃《も》えやすく、空気《くうき》と混《ま》じると爆発《ばくはつ》を起《お》こすかもしれない元《げん》素《そ》なんだ。だから、ちょっと遠《とお》くから見《み》てほしい」

「そんなにこわい元素《げんそ》なんですか」

「じつは、身近《みぢか》にあるものなんだけどね。それはそれとして、硫酸《りゅうさん》は、手《て》にかかると危《あぶ》ない液体《えきたい》だから、もし扱《あつか》うことがあれば注意《ちゅうい》してね」

原出先生《はらでせんせい》は、注意《ちゅうい》をしながら硫酸《りゅうさん》をガラスのびんの中《なか》に入《い》れた。

「こうやって大量《たいりょう》の硫酸《りゅうさん》と水《みず》、それに亜鉛《あえん》を入《い》れたこのびんからは、水素《すいそ》が発生《はっせい》しているよ」

「もうできたの？　意外《いがい》とはやいのね」

「最後《さいご》に、発生《はっせい》している水素《すいそ》を集《あつ》めるための捕集《ほしゅう》びんというのを使《つか》う」

「このびんは、ちょっと変《か》わった形《かたち》ね」

「途中《とちゅう》で曲《ま》がっているんだな。陽菜《ひな》はまた、飲《の》みものでたとえたけど」

「何度《なんど》も言《い》わなくてもいいじゃない！」

「水素《すいそ》は軽《かる》いものだから、ガラスの口《くち》から出《で》てくるんだ。そこで、これを使《つか》って捕《つか》まえるのさ」

捕集《ほしゅう》びんをガラスの口《くち》にくっつけると、目《め》には見《み》えない何《なに》かがたまっていく。

「水素《すいそ》って透明《とうめい》だから、本当《ほんとう》に入《はい》っているのかわからないわね」

「そうだよなー。燃《も》えやすいって言《い》っていたから、火《ひ》をつければわかる？」

「そうだね、火《ひ》で中身《なかみ》を調《しら》べるとしよう。マッチの火《ひ》を近《ちか》づけるよ」

原出先生《はらでせんせい》が言《い》ったとおりに火《ひ》を近《ちか》づけると、炎《ほのお》は小《ちい》さく燃《も》えたままだった。

「この炎《ほのお》はふつうのものより温度《おんど》が高《たか》いんだ。それから、これをしばらく置《お》いておくと……」

しばらくすると、水素《すいそ》の入《はい》っていた捕集《ほしゅう》びんの内面《ないめん》に水《みず》がたまった。

たまった水《みず》は捕集《ほしゅう》びんの中《なか》をすべり落《お》ちていく。

「このように、水素《すいそ》の炎《ほのお》から、水《みず》はできることがわかったね。これが、『賢者《けんじゃ》のともし火《び》』さ」

「神秘的《しんぴてき》な名前《なまえ》がついているのね。なんだかふしぎ」

「ファラデーは、こんなふうに水《みず》を作《つく》る水素《すいそ》を、素敵《すてき》な物質《ぶっしつ》って言《い》ってる」

「素敵《すてき》な物質《ぶっしつ》ってどういうことなの？」

「空気《くうき》よりも軽《かる》いのに力持《ちからも》ちだから、気球《ききゅう》を作《つく》れるし、水素《すいそ》のシャボン玉《だま》を作《つく》ればどこまでも空《そら》に上《あ》がっていくからだね」

「水素《すいそ》って、いろんな力《ちから》を持《も》っているんだなあ」

## 実験《じっけん》をおえて

実験室《じっけんしつ》に、夕日《ゆうひ》がさしこんできた。

陽菜《ひな》と大翔《ひろと》がここで夕日《ゆうひ》を見《み》るのは、これで三度《さんど》めだ。

「あーあ、もう終《お》わりか」

「そうね。そろそろ帰《かえ》らないと、心配《しんぱい》させちゃうわ」

「そのとおり。今日《きょう》の実験《じっけん》はここまで。だけど、理科《りか》は家《いえ》に帰《かえ》ってからも、観察《かんさつ》できるよ」

「観察《かんさつ》って、どうやって？」

「今回実験《こんかいじっけん》に使《つか》ったような水《みず》は、とても身近《みぢか》なものだよね」

「そうね、料理《りょうり》や掃除《そうじ》、お風呂《ふろ》に入《はい》るときにも使《つか》うわ」

「陽菜《ひな》は家《いえ》の手伝《てつだ》いが好《す》きだよな」

「大翔《ひろと》だって、プールで遊《あそ》ぶのが好《す》きじゃない」

「水《みず》は理科《りか》ではとても重要《じゅうよう》な物質《ぶっしつ》だ。季節《きせつ》の変化《へんか》といった、ちょっとしたことで変《か》わるから、家《いえ》の中《なか》や外《そと》で、水《みず》の観察《かんさつ》をするのも、たのしいよ」

『このような変化《へんか》は、水《みず》の中《なか》では、しょっちゅう起《お》こっている。本来《ほんらい》なら、とくべつに人工的《じんこうてき》な手段《しゅだん》は、必要《ひつよう》ないんだ。なのに、ぼくがここで人工的《じんこうてき》な手段《しゅだん》をとった理由《りゆう》は、この小《ちい》さなびんのまわりに、本物《ほんもの》の冬《ふゆ》のかわりに手作《てづく》りの冬《ふゆ》を作《つく》りだしてみたいと思《おも》っただけのこと……』

「特《とく》に料理《りょうり》だと、水《みず》を温《あたた》めたり、冷《ひ》やしたりするね。そんなときに、今日《きょう》の実験《じっけん》を思《おも》い出《だ》して」

「料理《りょうり》は理科《りか》の実験《じっけん》かあ。なあ陽菜《ひな》、おれも料理手伝《りょうりてつだ》ってみてもいい？」

「お母《かあ》さんに頼《たの》んでみるけど、大翔《ひろと》はちゃんと手伝《てつだ》えるの？」

「だいじょうぶ。今日教《きょうおそ》わったこと、活《い》かしてみるからさ」

「家《いえ》に帰《かえ》るのがたのしみになってきたみたいだね。ファラデーも、兄《あに》みたいな年齢《ねんれい》の人《ひと》といっしょに、実験漬《じっけんづ》けだったときがあるんだ。たのしかっただろうなあ。ぼくの想像《そうぞう》だけど、実験結果《じっけんけっか》を毎晩《まいばん》、話《はな》しあっていたんだと思《おも》うんだよ。だって、実験《じっけん》はたのしいから！」

「原出先生《はらでせんせい》。今日《きょう》は時間《じかん》が遅《おそ》くなってきたから、そろそろ失礼《しつれい》するわ」

「おっと、ファラデーの話《はなし》はまたにしよう」

「陽菜《ひな》、すっかり先生《せんせい》のあつかいになれてきたなあ」

大翔《ひろと》は、話《はな》したがりの先生《せんせい》をあしらいながら退室《たいしつ》するふたごの姉《あね》を見《み》て、たくましいと思《おも》った。

# 第《だい》四章《しょう》　ロウソクはどうして燃《も》えるの？

すっかりなれた道《みち》を通《とお》って、ロウソク理科研究所《りかけんきゅうじょ》へとやってきたふたり。

原出《はらで》先生《せんせい》は既《すで》に紅茶《こうちゃ》をカップに入《い》れていて、ふたりを出迎《でむか》えた。

「あれ。わたしたちまた来《く》るって言《い》ってなかったのに、ふしぎね」

「おれたちが毎日通《まいにちかよ》っているからじゃないか」

「きみたちにファラデーの話《はなし》をするのがたのしくてね、こうやって準備《じゅんび》させてもらったよ。ファラデーもね、本《ほん》で調《しら》べて、自分《じぶん》で材料《ざいりょう》を買《か》ってきた実験《じっけん》の結果《けっか》を手紙《てがみ》にしたためて友人《ゆうじん》に送《おく》っているんだ。そういうワクワクする瞬間《しゅんかん》を共有《きょうゆう》したいと思《おも》ったはずだよ。ぼくもね、手紙《てがみ》は――」

「その話《はなし》はともかく、つぎはどんな実験《じっけん》をするのかしら」

「おっ、いい反応《はんのう》だね。ふたりとも、まだ、ロウソクにあきてはいないようで、よかった。まだまだ、ロウソクを使《つか》った実験《じっけん》はたくさんあるんだ」

「そう言《い》うと思《おも》って、作《つく》ってきた」

大翔《ひろと》は、陽菜《ひな》といっしょに家《いえ》で作《つく》ってきた、手作《てづく》りのロウソクをとり出《だ》してみせる。

「すごい！　家《いえ》で実験《じっけん》をしたんだね、おめでとう。ちゃんと家《いえ》のひとに見《み》てもらってできたかな？　そのロウソクがどうして燃《も》えるかわかる？」

「ええ、両親《りょうしん》が見《み》ていてくれて、びっくりしていたわ。でも、ロウソクがどうして燃《も》えるかなんて、考《かんが》えたことがなかったわ」

「油《あぶら》は燃《も》え上《あ》がるものだっていうのはわかるけど、どうしてだろう」

「そこにはね、水素《すいそ》が絡《から》んでくるんだ。水素《すいそ》は、何《なに》かとくっついて、水《みず》を生《う》み出《だ》す元素《げんそ》だったね」

『ロウソクが燃《も》えたとき、それはそのあたりにある水《みず》と、すこしもちがわない水《みず》を生《う》むことがわかったね。
この水《みず》について実験《じっけん》をすすめることで、
ぼくたちはふしぎな物質《ぶっしつ》、水素《すいそ》も発見《はっけん》することができた』

「まずは、この水《みず》についてくわしく見《み》ていこう」

## 実験《じっけん》13　電池《でんち》を使《つか》って液体《えきたい》から気体《きたい》をとり出《だ》そう！

原出先生《はらでせんせい》は、水《みず》が入《はい》ったカップを手《て》でゆらしている。

「また、紅茶《こうちゃ》を作《つく》るんですか？」

「陽菜《ひな》、もう紅茶《こうちゃ》は出《で》てるじゃないか」

「おかわりが出《で》るんじゃないかと思《おも》って。大翔《ひろと》、わたしのこと紅茶大好《こうちゃだいす》きだと思《おも》ってない？」

カップの前《まえ》に先生《せんせい》が置《お》いたのは、よく見《み》る乾電池《かんでんち》だった。

「ごめんね、これは実験《じっけん》に使《つか》うんだ。水《みず》の正体《しょうたい》をたしかめるためにね」

『こんどは、この力《ちから》を使《つか》って水《みず》を分解《ぶんかい》して、
水《みず》の中《なか》に水素《すいそ》のほかに何《なに》があるかを調《しら》べてみるよ』

「ちょっと複雑《ふくざつ》な装置《そうち》だから、図《ず》で説明《せつめい》しようか」

複雑《ふくざつ》な装置《そうち》をとり出《だ》して、実験室《じっけんしつ》の黒板《こくばん》になにかを描《か》きはじめる。

「なんだか、授業《じゅぎょう》みたいね」

「陽菜《ひな》も変《へん》なこと言《い》うな。今《いま》までだって、授業《じゅぎょう》みたいなものだったろ」

「大翔《ひろと》の言《い》うとおりだわ。実験《じっけん》ばかりだったもんね」

そんなふうにふたりが言《い》っていると、黒板《こくばん》に図《ず》を描《か》き終《お》えた原出先生《はらでせんせい》がふたりのほうを向《む》く。

「さっそく、電気《でんき》を使《つか》って水《みず》に影響《えいきょう》を与《あた》えてみようか」

原出先生《はらでせんせい》が白《しろ》い金属《きんぞく》で作《つく》られた、二つの板《いた》を用意《ようい》する。

「これは、白金《はっきん》とよばれる金属《きんぞく》だね。よく、電極《でんきょく》として使《つか》われるんだ」

「電極《でんきょく》ってなんだっけ」

「大翔《ひろと》、電極《でんきょく》っていうのはプラスやマイナスのことよ。電池《でんち》にあるわね」

「電池《でんち》のプラスマイナスが、ここでどうして関《かか》わってくるの？」

「電気《でんき》には、かならずその二つが発生《はっせい》するんだ。二つの板《いた》の間《あいだ》に、電気《でんき》が流《なが》れると考《かんが》えるといいよ」

その二つの板《いた》に、電線《でんせん》をつなぐ。

「こうして、二つの板《いた》は電極《でんきょく》になった。これを、装置《そうち》につなごう」

板《いた》がつながれたカップには、水《みず》が入《はい》っていた。

その水《みず》はガラス管《かん》を通《つう》じて、水《みず》の入《はい》ったプールの上《うえ》にある、捕集《ほしゅう》びんへとつながっている。

「このカップの水《みず》には、酸《さん》が混《ま》じっているんだ。これは、水《みず》に電気《でんき》を通《つう》じさせるためで、実験《じっけん》には関係《かんけい》ないよ」

「聞《き》いたことがあるわ。純粋《じゅんすい》な水《みず》は、電気《でんき》を通《とお》さないって」

「だから酸《さん》を混《ま》ぜたりする必要《ひつよう》があるんだ」

と、説明《せつめい》を入《い》れているあいだに、水《みず》に異変《いへん》が起《お》こった。

カップの中《なか》は沸騰《ふっとう》したように沸《わ》き立《た》ち、何《なに》かが起《お》こっている。

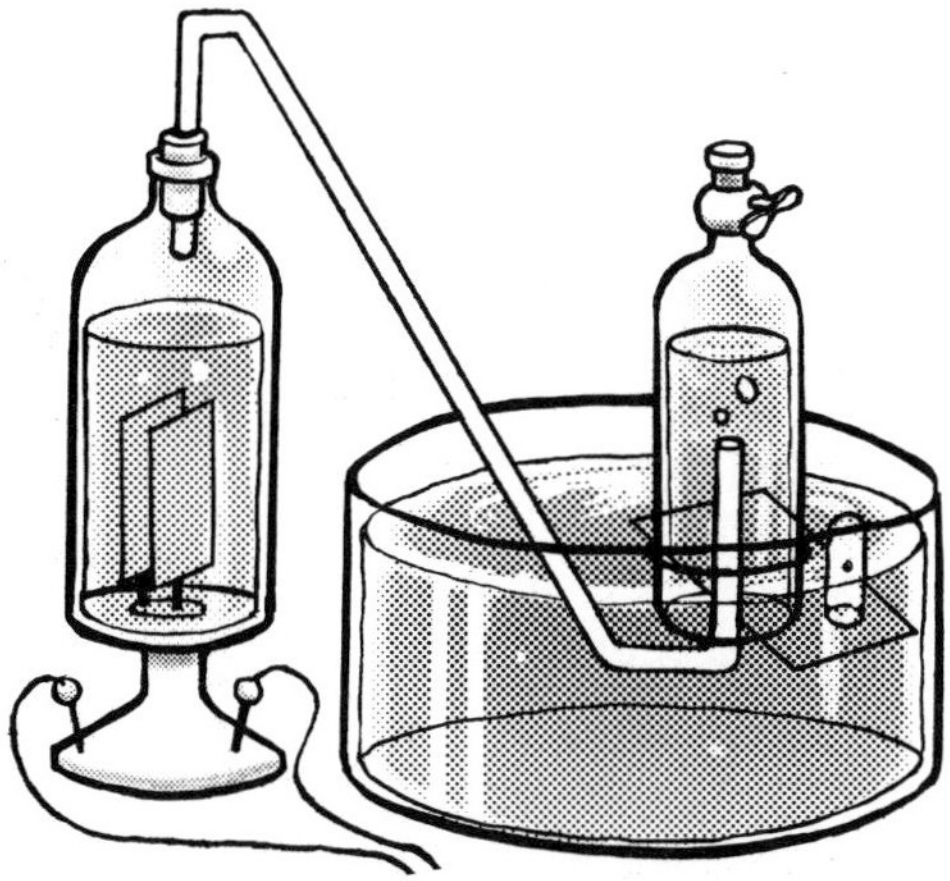

「これは沸騰《ふっとう》だろうか。その場合《ばあい》、捕集《ほしゅう》びんの中《なか》は水蒸気《すいじょうき》でいっぱいになるはずだよね」

「グツグツいっているから、沸騰《ふっとう》していると思《おも》うわ」

「おれは、ちがう何《なに》かが捕集《ほしゅう》びんに入《はい》っていると思《おも》うな」

「大翔《ひろと》、何《なに》かってなによ」

「そうだな、さっき言《い》ってた水素《すいそ》とか！」

「もし、水素《すいそ》なら火《ひ》がついて熱《あつ》く燃《も》えるはずだね。さっそく火《ひ》を近《ちか》づけてみよう」

原出先生《はらでせんせい》は装置《そうち》から捕集《ほしゅう》びんをとり外《はず》して、火《ひ》を近《ちか》づける。

すると、ぼんっ、と大《おお》きな音《おと》がして、火《ひ》は激《はげ》しく燃《も》え上《あ》がった。

「うわっ、びっくりした。何《なに》が起《お》こった？」

大翔《ひろと》は驚《おどろ》いて、腰《こし》を抜《ぬ》かしてしまう。

「この火《ひ》をよく観察《かんさつ》すると、こんなことがわかるよ」


『この気体《きたい》はたしかに可燃性《かねんせい》のものだ。

しかし、水素《すいそ》のような燃《も》えかたはしなかった。

水素《すいそ》ならば、こんな大《おお》きな音《おと》は、出《だ》さないはず。
しかし、その燃《も》えたときの色《いろ》を見《み》ると、水素《すいそ》に似《に》てもいる。
なのに、その気体《きたい》は、空気《くうき》とふれないところで燃《も》えた。
ぼくがいま、この特別製《とくべつせい》の装置《そうち》を作《つく》った理由《りゆう》は、
この実験《じっけん》の特別《とくべつ》な条件《じょうけん》を、きみたちに考《かんが》えてもらうためだったんだ』

「特別《とくべつ》な条件《じょうけん》って、何《なに》かしら」

「この気体《きたい》が何《なん》であろうとも、空気《くうき》なしで燃《も》える、ということをファラデーは証明《しょうめい》したわけだ」

「そっか、この中《なか》に入《はい》っているのは、水《みず》を分解《ぶんかい》したものだよね」

「水素《すいそ》と似《に》ているけどちがう何《なに》か、いったい何《なに》が分解《ぶんかい》されたのか。それをたしかめていこう」

「いったい何物《なにもの》なのかしら」

「よーし、もっといろいろ調《しら》べてみよう！」

ふたりがやる気《き》になったのを見《み》て、原出先生《はらでせんせい》はにっこりと笑《わら》った。

## 実験《じっけん》14 なぞの気体《きたい》の正体《しょうたい》は!?

水《みず》に電気《でんき》を通《とお》したことによって、びんの中《なか》にはなぞの気体《きたい》が生《う》まれた。

原出先生《はらでせんせい》はそれを手《て》にとって言《い》った。

「まずは、これに似《に》ている水素《すいそ》の特性《とくせい》を挙《あ》げてみようか」

『水素《すいそ》の性質《せいしつ》のすべてを挙《あ》げてみよう。
それは、さかさにした器《うつわ》の中《なか》にたまっていられる軽《かる》い気体《きたい》で、
器《うつわ》の口《くち》のところで、青白《あおじろ》い炎《ほのお》をあげて燃《も》える。
この気体《きたい》が、これらの条件《じょうけん》を満《み》たすかどうか、
調《しら》べていくことにしよう』

「じつは、水素《すいそ》も水《みず》からとり出《だ》すことができるんだ」

先生《せんせい》は、べつの実験道具《じっけんどうぐ》を用意《ようい》した。

水《みず》のプールの中《なか》から、二つの細長《ほそなが》いガラス管《かん》が飛《と》び出《で》ていて、それぞれのガラス管《かん》には白金《はっきん》の線《せん》がつながれている。

「これはどんな装置《そうち》なの？」

「これにも電気《でんき》が通《とお》されていてね、片方《かたほう》のガラス管《かん》には、さっき説明《せつめい》した水素《すいそ》が入《はい》っているんだ」

細長《ほそなが》いガラス管《かん》のうち、水《みず》の量《りょう》が少《すく》ないほうを先生《せんせい》は手《て》にとる。

「こちらが水素《すいそ》。試《ため》しに火《ひ》をつけてみれば、その根拠《こんきょ》がわかるよ」

原出先生《はらでせんせい》の言《い》うとおり、火《ひ》を近《ちか》づけてみれば、青白《あおじろ》い炎《ほのお》がガラス管《かん》の口《くち》から出《で》てきた。

「もう片方《かたほう》のガラス管《かん》には、水素《すいそ》といっしょ

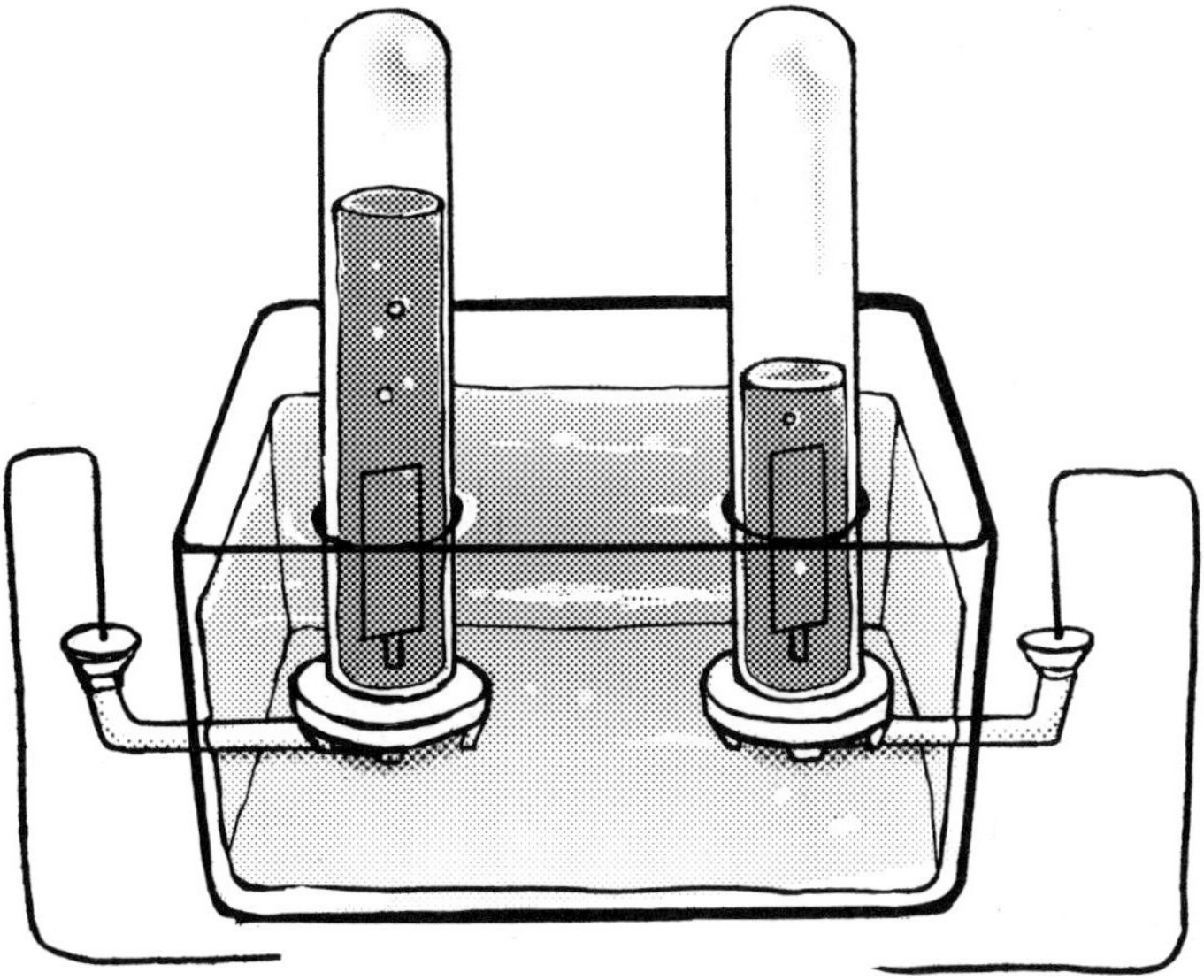

になって水《みず》を作《つく》る気体《きたい》が入《はい》っている」

「これの正体《しょうたい》がわからないから、調《しら》べる必要《ひつよう》があるわけね」

「どうやったらわかるんだ？」

「まずは、火《ひ》のついた木片《もくへん》を入《い》れてみよう」

宣言《せんげん》どおりに原出先生《はらでせんせい》が火《ひ》のついた木片《もくへん》をガラス管《かん》の中《なか》に入《い》れると、それは激《はげ》しく燃《も》え上《あ》がって、すぐに燃《も》え尽《つ》きてしまった。

「こんなふうに激《はげ》しく燃《も》える気体《きたい》の正体《しょうたい》は、なんだろうね？」


『このなぞの気体《きたい》に、仮《かり》の名前《なまえ》をつけておこう。

気体《きたい》Aか、気体《きたい》Bか、それとも気体《きたい》Cにしようか……。

いや、Oとよぶことにしてみよう。

それをオキシゲン（酸素《さんそ》）とよぶことにしよう』

「ということで、こたえを言《い》っちゃうけれど、これは酸素《さんそ》なんだ」

「酸素《さんそ》って、よく聞《き》く名前《なまえ》よね。酸素《さんそ》マスクとか」

「植物《しょくぶつ》が光合成《こうごうせい》で作《つく》るって、理科《りか》で聞《き》いたぞ」

「そうだね、人間《にんげん》が呼吸《こきゅう》をするときに使《つか》うあの酸素《さんそ》だよ。光合成《こうごうせい》でも作《つく》られるよ」

「酸素《さんそ》って、水《みず》の中《なか》にもあったんですね」

「そのとおり。水《みず》はね、酸素《さんそ》と水素《すいそ》がくっついたことで生《う》まれるんだ」

もう一つの、びんとポンプのような装置《そうち》をくっつけたものをとり出《だ》し、原出先生《はらでせんせい》は言《い》う。

「この装置《そうち》は、その二つがくっつくところを再現《さいげん》するものだよ。中《なか》を見《み》てごらん」

ふたりが覗《のぞ》いてみると、それは激《はげ》しい光《ひかり》を出《だ》しながらも、中《なか》にある水《みず》を増《ふ》やし続《つづ》けていた。

「水素《すいそ》と酸素《さんそ》、その二つがくっつくときはこんなふうに光《ひかり》を発《はっ》するんだ。強《つよ》いエネルギーだけど、このびんはそれに耐《た》えられるようなものを使《つか》っているよ」

「水滴《すいてき》がいっぱいついているな」

「これも、酸素《さんそ》と水素《すいそ》がくっついて生《う》まれた水《みず》かしら」

「最後《さいご》に、水素《すいそ》と酸素《さんそ》がきょうりょくして水《みず》を作《つく》っているのをふたりは知《し》ったわけだけど、その二つのうち、水《みず》にはどちらがたくさん入《はい》っているかわかるかな？」

「えー、そんなのわかんないよ」

大翔《ひろと》が困《こま》った顔《かお》をしたので、原出先生《はらでせんせい》はにこやかに続《つづ》けた。

「ヒントは、水《みず》の中《なか》から水素《すいそ》と酸素《さんそ》をそれぞれ別《べつ》のガラス管《かん》にとり出《だ》した実験《じっけん》だよ」

「思《おも》い出《だ》したわ！　あのガラスの中《なか》で、水素《すいそ》は酸素《さんそ》の二倍《ばい》の量《りょう》でとれたわ」

「そっか、水素《すいそ》のほうが酸素《さんそ》よりいっぱい入《はい》っているんだね」

## 実験《じっけん》15　空気《くうき》と酸素《さんそ》、どっちの中《なか》でよく燃《も》える？

酸素《さんそ》と書《か》かれているびんを手《て》にとってから、原出先生《はらでせんせい》はふたりに言《い》う。

「ふたりが作《つく》ったロウソクを貸《か》してくれないかな。それを、強《つよ》く燃《も》やしてみせるよ」

「いいけど、そんなに強《つよ》い炎《ほのお》が出《で》るの？　その酸素《さんそ》のびんと関係《かんけい》があるのかしら」

「酸素《さんそ》は、火《ひ》を強《つよ》く燃《も》やす効果《こうか》を持《も》っている。空気中《くうきちゅう》で燃《も》やしたときと、比《くら》べてみよう」

「これも、レポートにすれば自由研究《じゆうけんきゅう》になる？」

「どれぐらい大《おお》きくなったのか、写真《しゃしん》やスケッチで示《しめ》すことができれば、りっぱな研究《けんきゅう》だよ」

「わかったわ。大翔《ひろと》、写真《しゃしん》を撮《と》って」

「とりあえず普通《ふつう》の状態《じょうたい》を撮《と》らないとな」

ロウソクに、原出先生《はらでせんせい》が火《ひ》をともす。

空気中《くうきちゅう》でいつもどおり燃《も》えたそれを、大翔《ひろと》がカメラに収《おさ》めていく。

「撮《と》れたわ。酸素《さんそ》のびんは、どうやってあつかうのかしら」

「これを開《ひら》いて、酸素《さんそ》を近《ちか》づけてみればわかるね。さっそくやってみようか」

びんのふたを開《あ》けて、中《なか》にロウソクを近《ちか》づけてみると、火《ひ》は燃《も》え上《あ》がり、明《あき》らかに大《おお》きくなった。強《つよ》い光《ひかり》が、実験室《じっけんしつ》を照《て》らす。

大翔《ひろと》はそれを逃《のが》さず、カメラのシャッターを切《き》った。

「ちょっとまぶしいけど、きれいね」

「おれはちょっと怖《こわ》いな。炎《ほのお》って、強《つよ》そうだよね」

「空気《くうき》の中《なか》で燃《も》えているときと、酸素《さんそ》の中《なか》で燃《も》えているときは、燃《も》え方《かた》が違《ちが》うのね」

「そう。酸素《さんそ》の中《なか》のほうが、火《ひ》のいきおいは強《つよ》くなったね」


『ぼくたちはこの新《あたら》しい物質《ぶっしつ》について、ちょっとした知識《ちしき》をえることができたね。ロウソクが燃《も》えたときにできるものにふくまれている酸素《さんそ》についての、一般的《いっぱんてき》な理解《りかい》を深《ふか》めることによって、探求心《たんきゅうしん》を満足《まんぞく》させるために、こんどはもうすこしそれを、はっきり見《み》ていく実験《じっけん》にうつっていこう』


「というわけで、こんどは、酸素《さんそ》の流《なが》れを悪《わる》くしてみよう。そうすると、どうなるかな」

「やっぱり、炎《ほのお》が弱《よわ》まるのかしら」

「そのとおり。実際《じっさい》にやってみよう」

酸素《さんそ》のびんのふたを閉《し》めて、酸素《さんそ》の流《なが》れを断《た》ち切《き》る。すると、ロウソクの火《ひ》は、空気《くうき》で燃《も》えていたときの姿《すがた》に戻《もど》ってしまった。

「また、小《ちい》さくなっちゃったわ」

「やっぱり、酸素《さんそ》が強《つよ》く燃《も》やしていたんだな」

「酸素《さんそ》の力《ちから》で強《つよ》く燃《も》えていることが証明《しょうめい》されたね。つぎは、これも燃《も》やしてみよう」

次《つぎ》に原出先生《はらでせんせい》がとり出《だ》したのは、鉄《てつ》の棒《ぼう》だ。それは、先生《せんせい》の腕《うで》ほどの大《おお》きさがあった。

「おっきいなあ。まさか、これを燃《も》やすのか？」

「大翔《ひろと》はバカね。こんな鉄《てつ》の棒《ぼう》が燃《も》えるわけないじゃない。実験《じっけん》に使《つか》う道具《どうぐ》よね」

「ところがどっこい。鉄《てつ》は、空気中《くうきちゅう》ではあまり燃《も》えないけど、こうすると……」

鉄《てつ》の棒《ぼう》に小《ちい》さな木片《もくへん》をくっつけて、木片《もくへん》に火《ひ》をつけてから酸素《さんそ》のびんに入《い》れる。

はじめは木片《もくへん》が激《はげ》しく燃《も》え上《あ》がって、やがて鉄《てつ》の棒《ぼう》に火《ひ》が燃《も》えうつった。

「わ！　酸素《さんそ》があるだけで、鉄《てつ》だって燃《も》えちゃうのね！」

「酸素《さんそ》が続《つづ》く限《かぎ》り、この鉄《てつ》は燃《も》え続《つづ》けるよ。こんなふうに、酸素《さんそ》はなんだって燃《も》やしちゃうんだ」

「火《ひ》にすごい力《ちから》を与《あた》えるのね」

「とりあつかいには、気《き》をつけないとな」

大翔《ひろと》が強《つよ》くうなずくので、陽菜《ひな》も同《おな》じようにうなずいた。

「ところで、酸素《さんそ》はどうやって作《つく》ると思《おも》う？」

「分解《ぶんかい》の実験《じっけん》みたいに、水《みず》の中《なか》からとり出《だ》せばいいんですか？」
「そうだね。それ以外《いがい》の方法《ほうほう》もあるよ」

『二酸化《にさんか》マンガンとよばれる物質《ぶっしつ》がある。
それは黒《くろ》ずんだ鉱物《こうぶつ》で、なかなか役《やく》にたつものなんだ。
二酸化《にさんか》マンガンは、赤《あか》く熱《ねっ》すると、酸素《さんそ》を生《う》み出《だ》す。
また、ここに塩素酸《えんそさん》カリウムとよばれる一つの物質《ぶっしつ》がある。
漂白《ひょうはく》や化学工業《かがくこうぎょう》や医薬《いやく》や火薬《かやく》や、そのほかの目的《もくてき》に
使《つか》われる物質《ぶっしつ》だから、現在《げんざい》では大量《たいりょう》に生産《せいさん》されているよ。
この塩素酸《えんそさん》カリウムをすこしとって、二酸化《にさんか》マンガン――
酸化銅《さんかどう》でも酸化鉄《さんかてつ》でも、同《おな》じようにうまくいきますが――
に混《ま》ぜてみよう。
この二つをいっしょに入《い》れると、
赤熱《しゃくねつ》しないうちに、酸素《さんそ》が出《で》てくるよ』

「いろいろな方法《ほうほう》で、酸素《さんそ》は作《つく》られているのね！」

「前《まえ》にも言《い》ったけど、光合成《こうごうせい》——太陽《たいよう》の光《ひかり》で植物《しょくぶつ》も作《つく》っているよ」

## 実験《じっけん》16 ロウソクは、どうしてまぶしいの？

原出先生《はらでせんせい》は酸素《さんそ》のびんの中身《なかみ》を、ガラスのびんに移《うつ》し替《か》えていた。

「次《つぎ》に調《しら》べるのは、やっぱり酸素《さんそ》だ」

「よく燃《も》える気体《きたい》なのはわかったけど、次《つぎ》は何《なに》を調《しら》べるのかしら」

「こんどは重《おも》さだね。水素《すいそ》は気球《ききゅう》を飛《と》ばすぐらい軽《かる》かったけど、酸素《さんそ》はどうかな」

「重《おも》いものだとおれは思《おも》うな」

「えっ、大翔《ひろと》はどうしてわかったの」

「だって、今先生《いませんせい》がガラスのびんを酸素《さんそ》のびんよりも下《した》に置《お》いていたから」

「あはは、バレちゃったね。このように、酸素《さんそ》は空気《くうき》より重《おも》いんだ」

「なんだ、大翔《ひろと》が知《し》っていたわけじゃないのね」

「でも、こうやって観察《かんさつ》することが大事《だいじ》なんでしょう、原出先生《はらでせんせい》」

「そうだね、理科《りか》の観察《かんさつ》や実験《じっけん》をするときに、『位置《いち》』というのはとっても大切《たいせつ》なことが、わかってきたと思《おも》う。つぎも、こういう位置関係《いちかんけい》で、実験《じっけん》してみるよ」

原出先生《はらでせんせい》は、机《つくえ》の上《うえ》に立《た》たせた一本《いっぽん》のロウソクに、酸素《さんそ》を入《い》れたガラスのびんをかぶせた。

「ロウソクと、酸素《さんそ》の関係《かんけい》を実験《じっけん》で確《たし》かめるよ」

ロウソクには火《ひ》がついていて、酸素《さんそ》と反応《はんのう》して激《はげ》しく燃《も》えている。

「このガラスの中《なか》には、やっぱり水滴《すいてき》があらわれる。逆《ぎゃく》にいえば、それ以外《いがい》は出《で》ない」


『ところで、こんなはげしい作用《さよう》のなかでも、ロウソクが空気中《くうきちゅう》で燃《も》えたときに生成《せいせい》した以外《いがい》のものは、何《なに》も出《で》てこない。

ロウソクを空気《くうき》とちがう気体《きたい》の中《なか》で燃《も》やしても、空気中《くうきちゅう》で燃《も》やしても、出《で》てくるものはあいかわらず水《みず》なんだ。現象《げんしょう》は、まったく同《おな》じと言えるね』

「本当《ほんとう》だわ。空気《くうき》のときと一緒《いっしょ》で水滴《すいてき》ができてるね」

「ところで、このロウソクのまぶしい光《ひかり》は、どこかで見《み》たような気《き》がするな」

「大翔《ひろと》くんはするどいね。これは、前《まえ》の実験《じっけん》で、水素《すいそ》と酸素《さんそ》がくっついて、水《みず》になったときと同《おな》じような光《ひかり》を放《はな》っているんだ」

「酸素《さんそ》でロウソクが燃《も》えると、水素《すいそ》と酸素《さんそ》がくっつくのかしら？」

「それをたしかめるために、実験《じっけん》をしてみよう」

原出先生《はらでせんせい》はたなから液体《えきたい》と、ストローをとり出《だ》す。

「……？」

急《きゅう》にストローが出《で》てきたものだから、陽菜《ひな》と大翔《ひろと》はおどろいた。

先生《せんせい》は、ストローを使《つか》ってシャボン玉《だま》を吹《ふ》いた。ふたりは顔《かお》を見《み》あわせる。

「えっ、これも実験《じっけん》？」

「遊《あそ》びにしか見《み》えないわ」

「ただの遊《あそ》びじゃないさ」


『ここにシャボン玉《だま》が一つできた。

ぼくは、それを手《て》の平《ひら》にとる。

ひょっとしたら、きみたちは、この実験《じっけん》でぼくが、へんなことをしているように思《おも》うかもしれない。
でも、それは、響《ひび》きや音《おと》に頼《たよ》るのではなく、
事実《じじつ》に頼《たよ》らなければならないということを、
みんなに伝《つた》えるためなのさ』

つぎに、原出先生《はらでせんせい》は、小《ちい》さいポンプを使《つか》ってシャボン玉《だま》を出《だ》した。

シャボン玉《だま》は、手《て》の平《ひら》で爆発《ばくはつ》して、ふたりをびっくりさせた。

「びっくりしたかい。これはね、水素《すいそ》と酸素《さんそ》の量《りょう》を水《みず》と同《おな》じ配分《はいぶん》で入《い》れた気体《きたい》で作《つく》ったシャボン玉《だま》さ。シャボン玉《だま》の中《なか》で水《みず》になったから、そのエネルギーで爆発《ばくはつ》するように弾《はじ》けたんだ」

「ただのシャボン玉《だま》だと思《おも》っていたから、おどろいたよ」

「水《みず》ができるときって、すごい力《ちから》が出《で》るのよね」

「ふたりが見《み》たとおり、水素《すいそ》と酸素《さんそ》は強《つよ》い力《ちから》で、急激《きゅうげき》にくっつく」

「お互《たが》いを発見《はっけん》すると、水《みず》になろうとするのね」

「さて、またロウソクの話《はなし》に戻《もど》ろうか。ロウソクが燃《も》えるとき、空気中《くうきちゅう》の酸素《さんそ》を捕《つか》まえるんだ」

原出先生《はらでせんせい》は、ロウソクに火《ひ》をつける。

ふたりは何度《なんど》も見《み》た光景《こうけい》だが、今回《こんかい》は何《なん》の変哲《へんてつ》もない空気中《くうきちゅう》での燃焼《ねんしょう》だった。

「この火《ひ》は、空気《くうき》の中《なか》の酸素《さんそ》を見《み》つけているのね」

「いつも見《み》ていたロウソクの火《ひ》が、そんなことをしていたなんて、知《し》らなかった」

「そうね、わたしも大翔《ひろと》と同《おな》じ気持《きも》ち」

「空気中《くうきちゅう》に水蒸気《すいじょうき》があるのは知《し》ってるね。空気《くうき》の中《なか》でも、水素《すいそ》と酸素《さんそ》はくっついているんだ」

「そっか、忘《わす》れていたけど、空気《くうき》の中《なか》にも気体《きたい》になった水《みず》はあるんだよね」

「そう！　明日《あした》は、空気《くうき》の性質《せいしつ》についてもいっしょに見《み》てみよう」

## 実験《じっけん》をおえて

四度目《どめ》の夕日《ゆうひ》は、実験《じっけん》をおえたときにやってきた。

「そろそろ時間《じかん》だね。ロウソクを燃《も》やしているものの正体《しょうたい》、わかったかな」

「酸素《さんそ》が大《おお》きく関《かか》わっていることが、改《あらた》めてよくわかったわ」

「そういうものが空気《くうき》の中《なか》にあるなんて、気《き》にしてなかったな」

「酸素《さんそ》はぼくたち生物《せいぶつ》にとっても、非常《ひじょう》に大切《たいせつ》なものだ。これを調《しら》べるだけでも、自由研究《じゆうけんきゅう》のテーマになると思《おも》うよ」

「たとえば、どんなふうにすればいいのかしら」

「植物《しょくぶつ》の光合成《こうごうせい》を調《しら》べてみるのもいいかもね」

「植物《しょくぶつ》も関《かか》わってくるのか」

「そういえば、理科《りか》の授業《じゅぎょう》って、植物《しょくぶつ》についても学《まな》ぶわね」

「どうして理科《りか》で植物《しょくぶつ》を学《まな》ぶのか。それはね、植物《しょくぶつ》から教《おし》えられることもあるからなんだよ」

「そうなんだ。これから、少《すこ》しは植物《しょくぶつ》を見《み》てみようかな」

大翔《ひろと》がそう言《い》ったとき、壁《かべ》の時計《とけい》が鳴《な》った。そろそろ、夕飯時《ゆうはんどき》だ。

「おっと。そろそろ帰《かえ》る時間《じかん》だよね。気《き》をつけて、帰《かえ》ってね」

「また来《く》るよ。この先《さき》のこと、気《き》になるし！」

大翔《ひろと》もすっかり、この研究所《けんきゅうじょ》のことが気《き》に入《い》ったみたい。また家《いえ》に帰《かえ》って、ロウソクを作《つく》ろう」

「つぎは、陽菜《ひな》よりもいいロウソクを作《つく》ってやるからな！」

「そうやって張《は》り切《き》ってくれると、ロウソク理科研究所《りかけんきゅうじょ》としてはうれしいよ」

「わたしも、理科《りか》について好《す》きになってきたわ。大人《おとな》になっても、研究《けんきゅう》したいな」

「おや、陽菜《ひな》くんは研究者《けんきゅうしゃ》になりたいのかな？」

「まだ、ちょっと未来《みらい》のことはわかんないけど……、研究《けんきゅう》って、素敵《すてき》なことだと思《おも》うわ」

「そうだな、おれたちまだわかんないや」

「大丈夫《だいじょうぶ》。ファラデーだって、本格的《ほんかくてき》な理科《りか》の講義《こうぎ》を聞《き》いたのは、十九歳《さい》のときだったんだ。それまでは自分《じぶん》で本《ほん》を読《よ》んだり、本《ほん》に書《か》いてあった実験《じっけん》をするだけで、研究《けんきゅう》みたいなことはできなかった。くらしていくことで、精《せい》いっぱいだったみたいだ。そんな状況《じょうきょう》からでもあきらめずに、たくさんの発見《はっけん》ができるような科学者《かがくしゃ》になるまで、どんな苦労《くろう》があったか――」

「十九歳《さい》？　ファラデーって、遅《おそ》くから研究《けんきゅう》をはじめたのね」

「そうだよ、研究《けんきゅう》に年《とし》は関係《かんけい》ないんだ」

# 第五章《だいごしょう》　空気《くうき》は目《め》に見《み》えないの？

ロウソク理科研究所《りかけんきゅうじょ》の庭《にわ》で、ふたりと原出先生《はらでせんせい》は深呼吸《しんこきゅう》をしていた。

「すってー、はいてー」

「これ、体操《たいそう》みたいね」

「でも、空気《くうき》をすってるって感《かん》じがよく出《で》てるよこれ」

大翔《ひろと》は大《おお》げさに息《いき》をすって、口《くち》から大《おお》きくはいてみる。

「空気《くうき》はこんなふうに、とても身近《みぢか》なものだよね。さあ、実験室《じっけんしつ》で空気《くうき》について話《はなし》をしよう」

原出先生《はらでせんせい》と一緒《いっしょ》に、ふたりはいつもの実験室《じっけんしつ》へと向《む》かう。

「今回《こんかい》はちょっと研究所《けんきゅうじょ》の外《そと》に出《で》てみたけど、ファラデーは、いろんな国《くに》を旅《たび》して回《まわ》ったんだ。ファラデーの活躍《かつやく》していた時代《じだい》は、研究所《けんきゅうじょ》が少《すく》なかったし、実験《じっけん》をしている場所《ばしょ》はとても貴重《きちょう》だったんだ。だから、ファラデーは自分《じぶん》にいろんなことを教《おし》えてくれた先生《せんせい》の助手《じょしゅ》として、実験《じっけん》の旅《たび》をしていたんだ」

「あら、ファラデーのことで早口《はやくち》になるわね。よっぽど好《す》きなのね」

陽菜《ひな》はあきれて、肩《かた》をすくめた。

「でも、実験《じっけん》の旅《たび》かあ。そういうの、あこがれるな」

「大翔《ひろと》は、旅《たび》があこがれなの？」

「そうだよ。おれは将来《しょうらい》、どこかに旅《たび》に出《で》たいなって思《おも》っていたんだ」

「……はじめて知《し》ったわ」

「今《いま》でも、研究者《けんきゅうしゃ》たちは世界各地《せかいかくち》にある珍《めずら》しいものを探《さが》して旅《たび》をしているね」

「そっか、理科《りか》っていうとこの研究所《けんきゅうじょ》みたいに実験室《じっけんしつ》でやるものだってイメージがあったけど、外《そと》に出《で》ることもあるんだ。いいなあ。だれも知《し》らない植物《しょくぶつ》とか鉱物《こうぶつ》があるんだろうな」

大翔《ひろと》は目《め》をかがやかせて、外《そと》の世界《せかい》へのあこがれを口《くち》にしている。

「こんなに興奮《こうふん》している大翔《ひろと》を見《み》るの、はじめてかもしれないわ」

「だって、旅《たび》だよ。それに、旅《たび》の発見《はっけん》が、世界《せかい》を変《か》えるかもしれないんだ」

「実際《じっさい》に、ファラデーもそこで得《え》た知識《ちしき》を元《もと》に、いろいろな発見《はっけん》をして世界《せかい》を変《か》えたといってもいいね。実験《じっけん》は、世界《せかい》の見《み》かたを変《か》える！」

「世界《せかい》の見《み》かた……。うん、わたしも、少《すこ》しはわかってきた気《き》がするわ」

## 実験《じっけん》17　酸素《さんそ》を、目《め》に見《み》える形《かたち》で観察《かんさつ》しよう！

ふたりと先生《せんせい》が実験室《じっけんしつ》に戻《もど》ると、びんがあった。

陽菜《ひな》はそれを手《て》にとる。

「そのびんには、テストガスが入《はい》っているんだ。一酸化窒素《いっさんかちっそ》という気体《きたい》だよ。これを使《つか》うよ」

原出先生《はらでせんせい》は、テストガスの入《はい》ったびんと、もう一つのびんを、透明《とうめい》な箱《はこ》に入《い》れた。そこにふたをして、先生《せんせい》はふたりに問《と》いかける。

「テストガスじゃないほうの気体《きたい》は、ぼくたちがふだんから触《ふ》れているふつうの空気《くうき》。ロウソクの火《ひ》を燃《も》やすことができるアレだね。この二つを混《ま》ぜ合《あ》わせると、どうなるかな？」

「わからない。どうなるんだろう？」

「箱《はこ》の中《なか》を見《み》てごらん」

二つのびんのふたをあけると、空気《くうき》とテストガスが混《ま》じり合《あ》う。

すると、透明《とうめい》な箱《はこ》の中《なか》の気体《きたい》が薄《うす》い赤褐色《せきかっしょく》になった。

「わっ、色《いろ》が変《か》わった！」

「これはね、テストガスが空気中《くうきちゅう》の酸素《さんそ》と結《むす》びついて赤褐色《せきかっしょく》になるという性質《せいしつ》を利用《りよう》した実験《じっけん》なんだ。ここからわかることは、空気中《くうきちゅう》に酸素《さんそ》があるということだね」

「空気《くうき》の中《なか》にある酸素《さんそ》がロウソクの火《ひ》を燃《も》やしていたのよね」

「でも、わかっていることをたしかめてどうするんだ？」

「ここから、更《さら》なる実験《じっけん》に進《すす》むんだよ。テストガスと酸素《さんそ》がくっつくのはわかったよね」

「実験《じっけん》って、まわりくどいこともしないとダメなのね」

「一つ一つ、段階《だんかい》を追《お》っていくのも、大事《だいじ》なことなんだよ」

こんどもまた、原出先生《はらでせんせい》はびんと透明《とうめい》な箱《はこ》をとり出《だ》した。

こんどのびんには、酸素《さんそ》と書《か》かれたラベルが貼《は》ってある。

「こっちにも、テストガスを混《ま》ぜてみよう。さっきみたいに色《いろ》がつくよ」

テストガスと酸素《さんそ》が混《ま》じり合《あ》った気体《きたい》は、透明《とうめい》な箱《はこ》の中《なか》で赤褐色《せきかっしょく》になる。

「あれ？　ちょっとおかしいわね」

陽菜《ひな》が先《さき》ほどの実験《じっけん》で使《つか》った箱《はこ》と見《み》くらべると、そのちがいはすぐにわかった。

「色合《いろあ》いがちがうわ。空気《くうき》と混《ま》ざったときは、薄《うす》い色《いろ》だったのに、酸素《さんそ》のときは濃《こ》い赤褐色《せきかっしょく》になったわ」

「この差《さ》は、なにがあったんだ？」

「観察《かんさつ》の仕方《しかた》、わかってきたね。酸素《さんそ》が多《おお》ければ多《おお》いほど、テストガスはより深《ふか》く結《むす》びつくんだ。だから、空気《くうき》の中《なか》には、酸素《さんそ》以外《いがい》のものがあるってことがわかる」

「酸素《さんそ》以外《いがい》のものって、何《なに》があるのかしら」

「空気《くうき》はいろいろな気体《きたい》が混《ま》じり合《あ》っているんだけど、一番多《いちばんおお》いものを紹介《しょうかい》しよう」

『空気《くうき》のおもな成分《せいぶん》を、二つのものにひき分《わ》ける方法《ほうほう》の一つがここにあるんだ。一つめは、ものを燃《も》やすことができる酸素《さんそ》。二つめは、それらを燃《も》やすことのない、窒素《ちっそ》というものだ』

「ということで、窒素《ちっそ》という物質《ぶっしつ》があるんだけど、この物質《ぶっしつ》は『ロウソクの火《ひ》を燃《も》やすことができない』気体《きたい》なんだ」

「水素《すいそ》も燃《も》やしたのに、窒素《ちっそ》はなにも燃《も》やさないんだね」

「もしかして、空気《くうき》の中《なか》って窒素《ちっそ》ばかりだから、ロウソクの火《ひ》が酸素《さんそ》のときみたいに大《おお》きく燃《も》え上《あ》がらないのかしら」

「そういうことだね。空気《くうき》の中《なか》にはふつう窒素《ちっそ》が多《おお》くふくまれているから、酸素《さんそ》がそれほど強《つよ》く活動《かつどう》できないわけだ」

「へー、燃《も》やす成分《せいぶん》と燃《も》やさない成分《せいぶん》が一緒《いっしょ》に入《はい》っているんだ」

「窒素《ちっそ》について、ファラデーはこのように紹介《しょうかい》をしてるよ」

『ふつうの状態《じょうたい》では、どんなものも、窒素《ちっそ》の中《なか》で燃《も》えることはできない。
窒素《ちっそ》は、においも酸味《さんみ》もなく、水《みず》にほとんどとけない。
窒素《ちっそ》は、酸性《さんせい》でもアルカリ性《せい》でもないんだ。
そんな物質《ぶっしつ》は、なかなかないし、人間《にんげん》の感覚器《かんかくき》にうったえない。
だから、きみたちはこう考《かんが》えるだろう。
〝そんなもの、科学的《かがくてき》には無意味《むいみ》なんじゃない？
窒素《ちっそ》は、空気《くうき》の中《なか》で、何《なに》をやっているの？〟』

「なんだか、空気《くうき》に入《はい》っているだけなのにそんなふうに言《い》われてかわいそうね。窒素《ちっそ》って」
「ところが、窒素《ちっそ》はただそこにあるだけでいいんだ」

## 実験《じっけん》18　空気《くうき》の重《おも》さを量《はか》れる!?

原出先生《はらでせんせい》が次《つぎ》に出《だ》したものが、体重計《たいじゅうけい》だったので、ふたりは首《くび》をかしげた。

「さっそく窒素《ちっそ》の正体《しょうたい》を明《あ》かす――その前《まえ》に、体重《たいじゅう》を量《はか》ろうか」

「えっ、ここで体重《たいじゅう》を量《はか》るの？　わたしの体重《たいじゅう》が何《なに》に使《つか》われるのかしら！」

「陽菜《ひな》、最近体重《さいきんたいじゅう》を気《き》にしていたよな」

「もう、そんなこと言《い》わなくてもいいじゃない。大翔《ひろと》はデリカシーがないんだから」

「はは、これはじょうだんだよ。正《ただ》しくはこれを使《つか》う」

こんどは天秤《てんびん》と銅《どう》のびんをたなからとり出《だ》し、びんについていたコックをきつくしめた。

「このびんは気密《きみつ》ができるように作《つく》られている。このコックをしめると、空気《くうき》が逃《に》げ出《だ》さないようにできるんだ」

「このびんの中《なか》に空気《くうき》を入《い》れて、天秤《てんびん》で量《はか》るのかしら？」

「でも、それだとびんの重《おも》さも入《はい》らないか？」

「そこはちゃんと、びんの重《おも》さが入《はい》らないようになっているのよ。そうよね、先生《せんせい》」

「そのとおり。ということで、問題《もんだい》はこの中《なか》に窒素《ちっそ》や酸素《さんそ》を入《い》れる方法《ほうほう》だけど……」

大《おお》きなポンプがとり出《だ》される。

「これは、二十回動《かいうご》かすと、空気《くうき》を入《い》れることができる装置《そうち》なんだ」

「こんなものがあるんだ。昔《むかし》の人《ひと》たちって、そうまでして空気《くうき》を量《はか》りたかったんだな」

「だって、空気《くうき》を調《しら》べるのって、大変《たいへん》だって、わたしにもわかるもの」

「じゃあ、空気《くうき》を入《い》れてみるよ」
原出先生《はらでせんせい》は、ポンプを二十回《かい》動《うご》かして、空気《くうき》を入《い》れた。

『見《み》てごらん。ぼくが銅《どう》のびんにむりにおしこんだ、ポンプ二十回分《かいぶん》の空気《くうき》の体積《たいせき》がここにあるんだ。しかし、たったそれだけの量《りょう》の空気《くうき》を量《はか》っても、あまり実感《じっかん》がわかないかもしれないね。そこで、もっと大《おお》きな体積《たいせき》の空気《くうき》を量《はか》ってみたところ、つもりつもって、おどろきの数字《すうじ》になった。天秤《てんびん》に載《の》せて、重《おも》さを量《はか》ると……』

「ファラデーは、この方法《ほうほう》によって、一立方《りっぽう》フィート（約《やく》二十八・三リットル）の空気《くうき》の重《おも》さが、一・二オンス（約《やく》三十四グラム）であることをたしかめたんだ！　その計算式《けいさんしき》でいくと、この部屋《へや》の空気《くうき》の重《おも》さは、およそ一トンにもなる」
「えっ、空気《くうき》ってそんなに重《おも》さがあるの」

「わたしたち、空気《くうき》といっしょに生活《せいかつ》しているから、それを感《かん》じないのね」

「この重《おも》さは、場所《ばしょ》によって異《こと》なったりするんだ。山《やま》の上《うえ》に行《い》くと空気《くうき》の感《かん》じ方《かた》がちがうよ」

「山《やま》の上《うえ》かぁ、おれもいつか行《い》ってみたいな」

「大翔《ひろと》ってば、旅《たび》のことばっかり言《い》って」

「そんなふうに想像《そうぞう》ができないぐらい大《おお》きな大気《たいき》。もちろん、ぼくたちにも影響《えいきょう》があるよ」

『こういう大気《たいき》の存在《そんざい》は、
それがふくむ酸素《さんそ》や窒素《ちっそ》の重要性《じゅうようせい》もさることながら、
一つの場所《ばしょ》から他《ほか》の場所《ばしょ》へ、あちらからこちらへ、
いろいろな物質《ぶっしつ》を運《はこ》び、悪《わる》い蒸気《じょうき》を、
害《がい》をする場所《ばしょ》から益《えき》をする場所《ばしょ》に運《はこ》ぶような働《はたら》きをあらわす点《てん》で、
ひじょうにたいせつなものといえるね』

「悪《わる》い空気《くうき》があるから、まどを開《あ》けて換気《かんき》をしろって言《い》われるな」

「しめきった空間《くうかん》だと、空気《くうき》はその中《なか》にいるだけだからね。さっきの密閉《みっぺい》したびんと同《おな》じさ」

「空気《くうき》はいろいろなものを運《はこ》んでくれるから、わたしたちの生活《せいかつ》にも役立《やくだ》っているのね」

「そう。特《とく》に、その中《なか》にいる窒素《ちっそ》は、いろんなはたらきを持《も》っているよ」

「さっき、そこにあるだけでいいって言《い》ってたじゃない」

「そこにあるというのが大事《だいじ》なのさ。たとえばロウソクで火《ひ》を燃《も》やしたとき、酸素《さんそ》がある限《かぎ》り燃《も》え続《つづ》けるけど、空気中《くうきちゅう》においてあるロウソクの火《ひ》はちょっとしたことで消《き》えるよね」

「ふーって息《いき》を吹《ふ》きかけると消《き》えるなあ」

「あれは、窒素《ちっそ》の力《ちから》によるものだよ。空気《くうき》の中《なか》にはたくさんの窒素《ちっそ》があるから、それが燃《も》え続《つづ》けている酸素《さんそ》を吹《ふ》き飛《と》ばして、火《ひ》を消《け》してしまうんだ」

「ずっと燃《も》え続《つづ》けていると、困《こま》るものね」

「窒素《ちっそ》は、空気《くうき》の中《なか》でも七十パーセントを超《こ》える大《おお》きさと言《い》われている。さっき言《い》った部屋《へや》の一トンの中《なか》に、それだけ重要《じゅうよう》な窒素《ちっそ》があるんだよ」

## 実験《じっけん》19 手《て》を使《つか》わずに、卵《たまご》を持《も》ち上《あ》げられるかな？

「つぎは、空気《くうき》の重《おも》さを使《つか》ったちょっとしたゲームをやろう」

「ゲーム？　どんなふうにして遊《あそ》ぶの」

「大翔《ひろと》は遊《あそ》びのことと旅《たび》のことには食《く》いつきがいいわね。でも、わたしも気《き》になるわ」

「いろいろあるから、順《じゅん》に紹介《しょうかい》していこう。まずはコップを使《つか》った、一つ目《め》のゲーム」

コップ一杯《いっぱい》に水《みず》を入《い》れて、先生《せんせい》はふたりの前《まえ》に置《お》く。

「このコップの水《みず》をこぼさないようにしながら、逆《さか》さにするゲームをしよう」

「そんなの、無理《むり》じゃん！」

「大翔《ひろと》、先生《せんせい》が言《い》うんだから、何《なに》かやり方《かた》があるはずよ。でも、本当《ほんとう》にできるのかしら」

「コップをおおうような一枚《まい》のカードをこの上《うえ》において、逆《さか》さにしてみればわかるよ」

大翔《ひろと》が試《ため》しにそうしてみると、たしかに逆《さか》さにしたコップの水《みず》はこぼれなかった。

「あれ、どうしてこうなるんだろう」

「もしかして、表面張力《ひょうめんちょうりょく》と関係《かんけい》あるのかしら」

「そう、前《まえ》にやった表面張力《ひょうめんちょうりょく》の実験《じっけん》だね。水《みず》の表面《ひょうめん》をできるだけ小《ちい》さくしようとする力《ちから》があるんだ」

「でも、力《ちから》を得《え》るって言《い》っても、下《した》は空気《くうき》なんだよな」

逆《さか》さにしたコップを持《も》ち上《あ》げても、水《みず》がこぼれなかったので、大翔《ひろと》はふしぎに思《おも》う。

「空気《くうき》の重《おも》さが関係《かんけい》してくるのさ。空気《くうき》のほうが重《おも》いから、しめつけられた水《みず》は落《お》ちない」

「空気《くうき》って、そんなに重《おも》いのね」

「見《み》えないのに、力持《ちからも》ちなんだなあ」

「ということで、次《つぎ》のゲームだ。これは、肺《はい》を使《つか》うから気《き》をつけないといけないんだけど……」

スーパーで売《う》っているような卵《たまご》と、卵《たまご》を載《の》せるエッグスタンドを二つ用意《ようい》した。

スタンドの上《うえ》に卵《たまご》を載《の》せて、その近《ちか》くにもう一つのスタンドを置《お》く。

それから、原出先生《はらでせんせい》は力《ちから》いっぱい息《いき》をすいこんだ。

「何《なに》をするのかしら」

「ゲームっていうんだから、卵《たまご》をどうにかするんだろう」

ふたりが話《はな》しあっていると、先生《せんせい》は力強《ちからづよ》く息《いき》をスタンドの下《した》がわに吹《ふ》きかけた。

すると、手《て》を使《つか》っていないのに、卵《たまご》が持《も》ち上《あ》がった。

息《いき》で持《も》ち上《あ》がった卵《たまご》は、くるりと回《まわ》って、もう一つのスタンドに入《はい》ってしまう。

「入《はい》ったわ。すごいすごい」

「ふう……こんなふうに、手《て》を使《つか》わずに、卵《たまご》を動《うご》かす遊《あそ》びが、あるよ」

「卵《たまご》が落《お》ちちゃったら、割《わ》れちゃって大変《たいへん》そう」

「そんなときのために、中《なか》はちゃんとゆで卵《たまご》になっているんだ」

先生《せんせい》は、机《つくえ》でコンコンと叩《たた》いて、卵《たまご》の中身《なかみ》を見《み》せる。

そこには、固《かた》くゆであがった卵《たまご》の白身《しろみ》と黄身《きみ》があった。

「なるほど。これで、ゲームをしていたのね」

「さっきのコップでもわかったとおり、空気《くうき》の力《ちから》というのは、非常《ひじょう》に強《つよ》いんだ。もう一つ、紙玉《かみだま》鉄砲《でっぽう》というおもちゃの作《つく》り方《かた》も、紹介《しょうかい》しよう」

『紙玉鉄砲《かみだまでっぽう》は、鳥《とり》の羽《はね》の軸《じく》など、ストロー状《じょう》の管《くだ》で、
とても簡単《かんたん》に作《つく》ることができるおもちゃだよ。
そして、たとえばジャガイモかリンゴの薄《うす》切《ぎ》りに
ストロー状《じょう》の管《くだ》をさす。そして、紙《かみ》で作《つく》った玉《たま》を用意《ようい》するんだ。
紙玉《かみだま》を一方《いっぽう》のはしにおしこむと、そのはしが、しっかりとじる。
そうしたら、もう一つの玉《たま》をとって、べつのはしにおしこむ。
これで、管《くだ》の中《なか》の空気《くうき》がとじこめられるんだ！』

「さて、この片方《かたほう》の玉《たま》を、おしこむと……」

ぽんっ、と音《おと》がして、紙《かみ》で作《つく》られた玉《たま》がジャガイモの中《なか》から飛《と》んでいった。

「どうして、こんなふうに玉《たま》が飛《と》んでいくのかしらね」

「わかんないけど、たのしそうだ。おれにもやらせてよ」

「いいよ。その前《まえ》に、二つの玉《たま》を同時《どうじ》におしてごらん」

紙《かみ》の玉《たま》をこめてから、原出先生《はらでせんせい》は大翔《ひろと》に渡《わた》す。

言《い》われたとおりに両方《りょうほう》の玉《たま》をおしてみるが、何《なに》も起《お》こらない。

「か、固《かた》い」

「このように、紙玉鉄砲《かみだまでっぽう》からわかることは、たとえ空気《くうき》を閉《と》じこめて、ちぢめることができても、ある程度《ていど》のところまでで、止《と》まってしまうことだね」

「空気《くうき》って、ちぢまるの?」

「空気《くうき》が強《つよ》くちぢまってから、元《もと》の姿《すがた》にもどったから、玉《たま》が飛《と》んだんだ。ふたりとも、足《あし》をちぢめてから、伸《の》ばした経験《けいけん》があるよね」

「それならあるわ、力《ちから》いっぱい伸《の》ばすと、気持《きも》ちがいいのよ」

「おなじように、空気《くうき》はちぢまってから、伸《の》びるというわけさ」

## 実験《じっけん》20 二酸化炭素《にさんかたんそ》を集《あつ》めよう!

「空気《くうき》の話《はなし》が続《つづ》いているけど、つぎは酸素《さんそ》が大《おお》きく関《かか》わる、二酸化炭素《にさんかたんそ》について語《かた》ろう」

「二酸化炭素《にさんかたんそ》もよく聞《き》くわね。呼吸《こきゅう》と関係《かんけい》があるんだったかしら」

「光合成《こうごうせい》のときにも使《つか》うって、どこかで見《み》たぞ」

「そうだね、人《ひと》は呼吸《こきゅう》をするときに、二酸化炭素《にさんかたんそ》をはくし、光合成《こうごうせい》では二酸化炭素《にさんかたんそ》が必要《ひつよう》だよ」

「やっぱり、身近《みぢか》なものなんですね。それがどう関《かか》わってくるの?」

「ここで、ロウソクに戻《もど》るよ。いつもどおり、火《ひ》をつけてみたよ」

空気《くうき》に触《ふ》れていたロウソクは、先生《せんせい》が点火《てんか》すると、空気中《くうきちゅう》の酸素《さんそ》と反応《はんのう》して燃《も》え上《あ》がった。

「ここまでは、なんども見《み》た光景《こうけい》ね」

「まずは今《いま》までのおさらいだ」


『さてこんどは、ぼくたちの研究《けんきゅう》テーマの、もう一つの、とくに重要《じゅうよう》なことがらについて、話《はな》そう。
そのために、思《おも》い出《だ》してほしいのは、
ロウソクを、三つの燃焼状態《ねんしょうじょうたい》において調《しら》べたこと。
そこから、いろいろな物質《ぶっしつ》が生《う》まれるのを観察《かんさつ》したこと。
出《で》てきた物質《ぶっしつ》は、蒸気《じょうき》や、水《みず》、そのほかの物質《ぶっしつ》だったね。
水《みず》は集《あつ》めることができたけれども、
ほかのものは、空中《くうちゅう》へにげていった。
こんどは、それらのほかの物質《ぶっしつ》について、調《しら》べてみよう』

その話《はなし》をおえてから、原出先生《はらでせんせい》はロウソクに煙突《えんとつ》のようなものをかぶせた。
煙突《えんとつ》はガラスでできていて、上《うえ》があいていた。
ロウソクの下《した》には、小《ちい》さな台《だい》と網《あみ》を置《お》いて、上《うえ》にも下《した》にも空気《くうき》を流《なが》すようにしている。

「これは、空気《くうき》の流《なが》れがあるから、いつまでも燃《も》え続《つづ》けるわね」
「ロウソクのまわりに、水《みず》が出《で》てきたぞ。これも、よく知《し》っているな」

「ふたりとも、ロウソクについてよくわかってきたね。だけど、これ以外《いがい》のものも出《で》ているんだ」

そう言《い》って、上《うえ》の口《くち》に火《ひ》を近《ちか》づける。すると、その火《ひ》が消《き》えてしまった。

「さて、何《なに》が出《で》てきたから火《ひ》は消《き》えただろうか」

「窒素《ちっそ》なのかしら。空気《くうき》を吹《ふ》きかけると、火《ひ》は消《き》えるって話《はなし》だもの」

「でも、煙突《えんとつ》の口《くち》からは吹《ふ》きかけてないぞ。何《なに》が起《お》こっているんだろう」

「もしかして、窒素《ちっそ》以外《いがい》の何《なに》かが出《で》てきているのかもしれないわ」

「そっか。それが二酸化炭素《にさんかたんそ》ってことかな？」

「その正体《しょうたい》を追《お》うために集《あつ》めてみよう」

原出先生《はらでせんせい》は、上《うえ》の口《くち》に空《あ》きびんの口《くち》を合《あ》わせて、ロウソクから出《で》てきた気体《きたい》を集《あつ》める。

それから、棚《たな》から『石灰水《せっかいすい》』と書《か》かれたびんをとり出《だ》した。

「ロウソクから出《で》てきた気体《きたい》の中《なか》に、水《みず》でうすめた石灰水《せっかいすい》を入《い》れてみよう」

すると、気体《きたい》のびんの中《なか》に、乳白色《にゅうはくしょく》の液体《えきたい》があらわれる。

もとの石灰水《せっかいすい》よりも、にごったような色《いろ》になったので、ふたりはその変化《へんか》をじっと観察《かんさつ》した。

「さあ、この変化《へんか》は、どうしてこうなったのかな？　ロウソクから出《で》てきた気体《きたい》が原因《げんいん》か、それとも、びんに入《い》れるだけでそうなるのかを、たしかめてみよう」

先生《せんせい》は、ただの空気《くうき》を入《い》れたびんに、同《おな》じように石灰水《せっかいすい》を入《い》れてみた。

こんどは、何《なん》の変化《へんか》も起《お》こらず、透明《とうめい》なすがたのままだった。

「ここから、なにがわかるかな？」

「石灰水《せっかいすい》を、ロウソクから出《で》てきた気体《きたい》に入《い》れると、乳白色《にゅうはくしょく》になるのね！　どうしてかしら」

「石灰水《せっかいすい》に変化《へんか》を起《お》こしたのは、酸素《さんそ》でもなく窒素《ちっそ》でもなく、水《みず》でもなく、それ以外《いがい》の、出《で》てきた何《なに》かということだね」

「うーん、わからない！　この謎《なぞ》の物質《ぶっしつ》は、どういうものなんだ？」

「ここで、こたえを出《だ》そう。最初《さいしょ》に話《はなし》を出《だ》した二酸化炭素《にさんかたんそ》が、石灰水《せっかいすい》をにごらせた原因《げんいん》だよ」

「二酸化炭素《にさんかたんそ》って、どんな気体《きたい》なの。燃《も》えないということはわかったけれど」

「石灰水《せっかいすい》に触《ふ》れると白《しろ》くなるのも、いまわかったぞ」

「酸素《さんそ》と窒素《ちっそ》との大《おお》きなちがいとして、二酸化炭素《にさんかたんそ》は、とても重《おも》いんだ」

「窒素《ちっそ》よりも重《おも》いのかしら？」

「窒素《ちっそ》よりも、すごく重《おも》いよ」

「さっきの気体《きたい》の量《はか》り方《かた》を使《つか》えば、たしかめられそうだな」

大翔《ひろと》がひとりうなずいていると、原出先生《はらでせんせい》がシャボン玉《だま》をとり出《だ》した。

「すこし変《か》わった方法《ほうほう》で、二酸化炭素《にさんかたんそ》の重《おも》さを実感《じっかん》してみよう。このびんに、シャボン玉《だま》を落《お》としてごらん」

言《い》われるままに、ふたりはシャボン玉《だま》をびんの底《そこ》に落《お》とす。

シャボン玉《だま》は、二酸化炭素《にさんかたんそ》のびんのなかで浮《う》き上《あ》がり、落《お》ちてこない。

「これも、二酸化炭素《にさんかたんそ》が重《おも》いという証明《しょうめい》なんだね！」

「ロウソクから出《で》てきた、窒素《ちっそ》でもない酸素《さんそ》でもない重《おも》い気体《きたい》が、二酸化炭素《にさんかたんそ》なのね」

「そう。ロウソクでとり出《だ》す以外《いがい》にも、かんたんな方法《ほうほう》があるよ」

「どんな方法《ほうほう》？」

「ぼくらの呼吸《こきゅう》は、酸素《さんそ》をすって二酸化炭素《にさんかたんそ》をはく。びんのなかに息《いき》を吹《ふ》きかけるといいんだ」

# 実験《じっけん》をおえて

研究所《けんきゅうじょ》のまどから見《み》える夕日《ゆうひ》の空《そら》でカラスが鳴《な》いていた。

「もう時間《じかん》になっちゃったわね」

「毎回毎回《まいかいまいかい》、いいところで話《はなし》がとぎれるなあ」

「ごめんね、まだまだ語《かた》り足《た》りないところがあるからね」

「それって、どれぐらいあるのかしら」

「自由研究《じゆうけんきゅう》に使《つか》えそうな実験《じっけん》も、まだまだあるんだろう？」

「もちろん。だけど、ファラデーの講演《こうえん》は、全部《ぜんぶ》で六日間《むいかかん》だった。ぼくもそれにそって話《はなし》をしているから、この本《ほん》の中身《なかみ》をなぞっていくのは、次回《じかい》が最後《さいご》かな」

「わたしたちって、そんなにたくさん聞《き》いたかしら」

「陽菜《ひな》、実験《じっけん》ならいっぱいやってるぞ」

「そうかもしれないわね。ファラデーにも先生《せんせい》にも、いろんなことを教《おし》えてもらったわ」

「きみたち、うまくまとめに入《はい》っているけど、実験《じっけん》はまだあと一日残《にちのこ》っているからね。まだおわらないからね」

「そうだったわ。明日《あした》の話《はなし》も、たのしみにしてるね！」

「あれ？　六日目《むいかめ》がおわったら、おれたちどうなるんだろう」

「どうなるもなにも、自由研究《じゆうけんきゅう》の宿題《しゅくだい》をすればいいんじゃないかしら」

「そうだった。そのために、おれたちはここへやってきたんだもんな」

「ぼくが教《おし》えたことはほんの一部《いちぶ》。自分《じぶん》の手《て》で実験《じっけん》して、いろいろな発見《はっけん》をしてみてよ。ファラデーもね、お店《みせ》の仕事《しごと》に追《お》われて実験《じっけん》する時間《じかん》がなくなったときがあったんだけど、そのときは辛《つら》かったと思《おも》うんだ。大好《だいす》きな実験《じっけん》ができないって、やっぱり、たえられないだろうし――」

「先生《せんせい》ったら、またファラデーの話《はなし》をしているわ」

「きみたち、なんだかぼくのあつかいに、なれちゃっていないかい……まあいい。ファラデーの名言《めいげん》は、まだたくさんあるからね。

『こんな装置《そうち》を、なぜぼくが紹介《しょうかい》しているのか、
きみたちはその理由《りゆう》を知《し》りたいかもしれないね。

ぼくが大規模《だいきぼ》にやってみようとしていることを、みんながあとから、小規模《しょうきぼ》でくりかえすことができるようにと思《おも》ってのことなんだ。みんながあとでためしてみても、今日《きょう》と同《おな》じ種類《しゅるい》の結果《けっか》を見《み》ることができるよ』

おなじ条件《じょうけん》をそろえれば、結果《けっか》はいつも同《おな》じ。これが、実験《じっけん》のすごいところだね」

先生《せんせい》は、そこまで言《い》って、本《ほん》をとじた。

「それでは、きょうはここまで。いよいよ、明日《あした》で六日目《むいかめ》だね」

原出先生《はらでせんせい》のその言葉《ことば》が、ふたりはなんだか気《き》になった。

# 第《だい》六章《しょう》　ロウソクはどこからきて、どこへいくの?

六日目《むいかめ》。

それは、ファラデーの講演《こうえん》でいうところの、最後《さいご》の日《ひ》だった。

「ロウソクについての研究《けんきゅう》、最後《さいご》のお話《はなし》をはじめよう」

「はーい。とうとう、その本《ほん》のおわりまでいくのね」

机《つくえ》のうえに用意《ようい》してある実験器具《じっけんきぐ》を見《み》て、大翔《ひろと》がつぶやいた。

「やっぱり……最後《さいご》まで、ロウソクが出《で》てくるようだね」

「そうみたいね。これまでの流《なが》れから、そんな気《き》がしていたわ」

「陽菜《ひな》もか。おれも、そうだろうと思《おも》ってたよ」

「最後《さいご》までロウソクの話《はなし》につき合《あ》ってもらうよ」


『ぼくたちがいま、たどることのできる道《みち》は、物質《ぶっしつ》についての一般的《いっぱんてき》な自然科学《しぜんかがく》、ただ一つだからね』

「これは自慢《じまん》なんだけどね、このロウソクを見《み》てほしい」

原出先生《はらでせんせい》は、桐《きり》の箱《はこ》に入《はい》っていた、よくみがかれたロウソクを大事《だいじ》そうにとり出《だ》した。

「形《かたち》がきれいな、素敵《すてき》なロウソクね」

「おれにもわかるよ。高《たか》そうなやつ」

「これは、ファラデーが講演《こうえん》をしたときに婦人《ふじん》からもらったといわれている、二本《ほん》のロウソクのうちの一本《ぽん》なんだ。当時江戸時代《とうじえどじだい》だった日本《にほん》からとり寄《よ》せた貴重《きちょう》なもので、高度《こうど》な装飾《そうしょく》がされたぜいたく品《ひん》らしいんだ。ファラデーはね、このロウソクの特徴《とくちょう》は芯《しん》があることだと言《い》って、講義《こうぎ》を……」

「また先生《せんせい》ったら早口《はやくち》でファラデーの話《はなし》をしているわ」

「陽菜《ひな》も、すっかりなれてきたね」

「だって、もう六日《むいか》もたっているんですもの」

「そっか、おれたちそんなに長《なが》く、実験《じっけん》しているんだな」

「あ、そうだ。わたし、先生《せんせい》に聞《き》きたいことがあるのよ」

陽菜《ひな》が手《て》をあげて質問《しつもん》をすると、原出先生《はらでせんせい》は話《はなし》を中断《ちゅうだん》して、向《む》き直《なお》る。

「おっと。なんだい。ぼくにこたえられることなら、何《なん》でも教《おし》えよう」

「原出先生《はらでせんせい》って、いったいどんな人《ひと》なのかしら。わたしたち、先生《せんせい》のことなにもしらないわ」

「それは……おほん。もう少《すこ》し、秘密《ひみつ》にしておこう」

## 実験《じっけん》21 固体《こたい》が気体《きたい》に変身《へんしん》する⁉

原出先生《はらでせんせい》は、火《ひ》のついたロウソクを、酸素《さんそ》の入《はい》ったびんに入《い》れる。

すると、炎《ほのお》が大《おお》きくなった。

それから、こんどは火《ひ》のついたロウソクを普通《ふつう》の空気《くうき》しか入《はい》っていないびんに入《い》れた。

しばらく見《み》ていると、空気《くうき》だけだったびんの中《なか》から黒《くろ》い煙《けむり》が出《で》てきて、煙《けむ》たくなった。

「気《き》づいていたかな？　ロウソクは燃《も》え方《かた》がわるいときは黒《くろ》い煙《けむり》を出《だ》して、よく燃《も》えているときは煙《けむり》が出《で》ないんだ」

「そういえばそうだわ。空気《くうき》の流《なが》れがわるいところに置《お》いておくと、煙《けむり》が出《で》るわね」

「なんだか、あんまり健康《けんこう》に良《よ》くなさそうだな」

「黒《くろ》い煙《けむり》は何《なん》なのか、たしかめてみよう。その前《まえ》に、昨日《きのう》のおさらいだ」


『この二酸化炭素《にさんかたんそ》という気体《きたい》がロウソクから出《で》ることは説明《せつめい》したけれど、

それ以上《いじょう》のことは、まだはっきりとは伝《つた》えていなかったね。そこで、こんどは二酸化炭素《にさんかたんそ》について、もう少《すこ》しくわしくとりあげなければならなくなってしまったね』

「二酸化炭素《にさんかたんそ》が何物《なにもの》か、まだきみたちはわかっていなかったね」


「ロウソクや人《ひと》の口《くち》から出《で》てくるのと、重《おも》いことしかわからないわ」

「よく見《み》てみて。もう一度観察《いちどかんさつ》を続《つづ》けよう」

先生《せんせい》は、ふたたび、ロウソクに火《ひ》をつける。

ロウソクは、酸素《さんそ》のびんに入《い》れるとまばゆい光《ひかり》を放《はな》った。

「ここで光《ひかり》を放《はな》っているのが何《なに》か、説明《せつめい》したよね」

「あ、この光《ひかり》を発生《はっせい》させている何《なに》かって、炭素《たんそ》なのかしら」

「炭素《たんそ》の粒《つぶ》が熱《ねっ》せられて、光《ひか》るんだよね」

「そのまま空気中《くうきちゅう》に飛《と》び立《た》つのよね。やっぱり気体《きたい》になったのかしら」

「気体《きたい》になったときは、ふたりの目《め》に映《うつ》っているよ。あの黒《くろ》い煙《けむり》が、それなのさ」

「けっきょく、黒《くろ》い煙《けむり》の正体《しょうたい》って、何《なん》なのかしら」

「それは、炭素《たんそ》だよ。十分《じゅうぶん》な酸素《さんそ》の中《なか》や、空気《くうき》の中《なか》で燃《も》えると、二酸化炭素《にさんかたんそ》に変《か》わるんだ」

「火《ひ》があると、炭素《たんそ》が二酸化炭素《にさんかたんそ》になっちゃうのね。どういう関係《かんけい》があるのかしら」

「ファラデーがこう言《い》っている」

『酸素中《さんそちゅう》、もしくは空気中《くうきちゅう》で燃《も》えた炭素《たんそ》は、二酸化炭素《にさんかたんそ》となる。

しかし、うまく燃《も》えなかったときに出《で》てくる粒《つぶ》は、二酸化炭素《にさんかたんそ》を作《つく》るもう一つの材料《ざいりょう》。

つまり、炭素《たんそ》を示《しめ》してくれているんだ。

炭素《たんそ》は、空気《くうき》が十分《じゅうぶん》にあるときは、炎《ほのお》のかがやきを強《つよ》める。

燃《も》えきるほどの酸素《さんそ》がないときは、余《あま》った分《ぶん》だけが、粒《つぶ》のまま、燃《も》え残《のこ》るんだね』

「火《ひ》がどうやって燃《も》えたかによって、炭素《たんそ》の形《かたち》が変《か》わるのね」

「もう一つの実験《じっけん》をしてみよう。炭素《たんそ》は、どうやって燃《も》えるものかだね」

酸素《さんそ》と書《か》かれた細長《ほそなが》いびんに、原出《はらで》先生《せんせい》は何《なに》か黒《くろ》いものを入《い》れる。

「これは木炭《もくたん》……木《き》を燃《も》やすことで作《つく》った炭《すみ》だよ。炭《すみ》に火《ひ》をつけて燃《も》やすことで、炭素《たんそ》と酸素《さんそ》をむすびつけてみよう。使《つか》う火《ひ》は、別《べつ》のところで燃《も》やした木炭《もくたん》を使《つか》うね。見《み》ていてごらん」

先生《せんせい》が用意《ようい》してあった赤《あか》くなった木炭《もくたん》をトングで掴《つか》んで、細長《ほそなが》いびんの中《なか》に入《い》れてみる。

中《なか》に入《い》れた炭《すみ》は、火花《ひばな》をいくつも出《だ》して光《ひか》りかがやいていた。

「あれ、たくさんの火《ひ》がつくのね。一つの炎《ほのお》が燃《も》えあがるのかと思《おも》っていたわ」

「炭素《たんそ》はこんなふうな燃《も》え方《かた》をするんだ。粒《つぶ》がそれぞれ燃《も》えているからね」

「たしかに、ちょっとずつ光《ひか》っているような気《き》がするよ」

「小《ちい》さなたくさんの燃焼《ねんしょう》が起《お》こるから、またべつの輝《かがや》きを見《み》せるんだ。ともかく、こうやって、二酸化炭素《にさんかたんそ》は生成《せいせい》される。そして、炭《すみ》は……」

しばらく酸素《さんそ》の中《なか》で燃《も》えている木炭《もくたん》をながめていると、やがて木炭《もくたん》は消《き》えていってしまう。とけたようになくなったので、どうしたのかとふたりは首《くび》をひねった。

「木炭《もくたん》は空気《くうき》の中《なか》にとけこんでしまったんだ。混《ま》じり物《もの》のない本当《ほんとう》の炭素《たんそ》なら、全部《ぜんぶ》とけて消《き》えちゃうんだけど、これはそうでもないから、ちょっとだけ残《のこ》っちゃうね」

黒《くろ》ずんだものが、ガラスの中《なか》に残《のこ》されていた。

「炭素《たんそ》は固体《こたい》のまま燃《も》えて、気体《きたい》になって飛《と》び去《さ》っていくんだ」

『ここには、ふしぎな事実《じじつ》がある。
酸素《さんそ》はその中《なか》に炭素《たんそ》がとけこんでも、
体積《たいせき》が変《か》わらないんだ。
最初《さいしょ》の体積《たいせき》はそのままで、

酸素《さんそ》がただ、二酸化炭素《にさんかたんそ》になったということだ』

「なぜだろう？　つぎは、炭《すみ》をくわしく調《しら》べてみよう」

## 実験《じっけん》22　身《み》の回《まわ》りの炭素《たんそ》を見《み》つけよう！

実験《じっけん》に使《つか》ったびんから、空気中《くうきちゅう》に黒《くろ》い煙《けむり》が飛《と》んでいく。

この黒《くろ》い煙《けむり》が炭素《たんそ》であることは、原出先生《はらでせんせい》から教《おし》えてもらったばかりだ。

「次《つぎ》は、炭素《たんそ》をとり出《だ》してみよう」

「水《みず》から水素《すいそ》や酸素《さんそ》をとり出《だ》したときみたいにできるんだ」

「そんな実験《じっけん》ができるのかしら」

「じつは、とてもかんたんな方法《ほうほう》で手《て》に入《い》れることができるんだ」

『じつは、木片《もくへん》の中《なか》の炭素《たんそ》を見《み》られる実験《じっけん》が、身《み》の回《まわ》りにあるんだ。
まきを一部分《いちぶぶん》だけ燃《も》やして、火《ひ》を消《け》したとき、
あとに残《のこ》る炭《すみ》が炭素《たんそ》だよ』

「とファラデーは言《い》っているんだけど、まきを燃《も》やした経験《けいけん》はある？」

ふたりは首《くび》を横《よこ》にふった。

「炭《すみ》を作《つく》るということは、当時《とうじ》は一般的《いっぱんてき》だったけど、今《いま》だと……そうだな、バーベキューをするときに、炭《すみ》を買《か》ってくるよね。あれが、炭素《たんそ》の塊《かたまり》だよ」

「お父《とう》さんが火《ひ》をおこしていた炭《すみ》って、そうだったのね」

「それ以外《いがい》にも、炭素《たんそ》がふくまれるのが、チョークや鉛筆《えんぴつ》だ。学校生活《がっこうせいかつ》の中《なか》で、よく使《つか》うよね。チョークに塩酸《えんさん》をかけると、二酸化炭素《にさんかたんそ》が発生《はっせい》する。でも、塩酸《えんさん》が手《て》や顔《かお》にかかってしまうと大《おお》けがになるから、ためしてはいけないよ」

「黒板《こくばん》に文字《もじ》を書《か》くために使《つか》っているのは見《み》たことがあるけど、炭素《たんそ》がふくまれていたんだ」

「紙《かみ》や黒板《こくばん》に文字《もじ》を書《か》くとき、炭素《たんそ》をふくむものは便利《べんり》だからね。それから……」

原出先生《はらでせんせい》は、ロウソクをふたりに見《み》せた。

何度《なんど》も実験《じっけん》で使《つか》ったいつものすがたで、特《とく》に変《か》わったところはない。

「チョークと同《おな》じで、ロウソクにも炭素《たんそ》がふくまれているのは覚《おぼ》えているよね」

「あれっ、油《あぶら》で作《つく》ったもののはずよね」

「そうだよな、陽菜《ひな》が油《あぶら》を固《かた》めて作《つく》ってたのに」

「そう。その油《あぶら》にも、炭素《たんそ》がふくまれているんだ」

「だから、ロウソクって火《ひ》がつくと明《あか》るく光《ひか》るのよね……」

「二酸化炭素《にさんかたんそ》が生《う》まれたのも、そういうわけか」

「それから、炭素《たんそ》の燃《も》え方《かた》はとても珍《めずら》しいって、ファラデーも注目《ちゅうもく》していた」

『こんなことをする燃料《ねんりょう》は、ごくすくないものだけなんだ。
じつのところそれは、燃料《ねんりょう》の大《おお》もとである炭素系《たんそけい》のもの、
すなわち、石炭《せきたん》と木炭《もくたん》と木材《もくざい》とだけが、
こういう燃《も》え方《かた》をするよ。
こういう状態《じょうたい》で燃《も》える物質《ぶっしつ》は、炭素以外《たんそいがい》にないようだ』

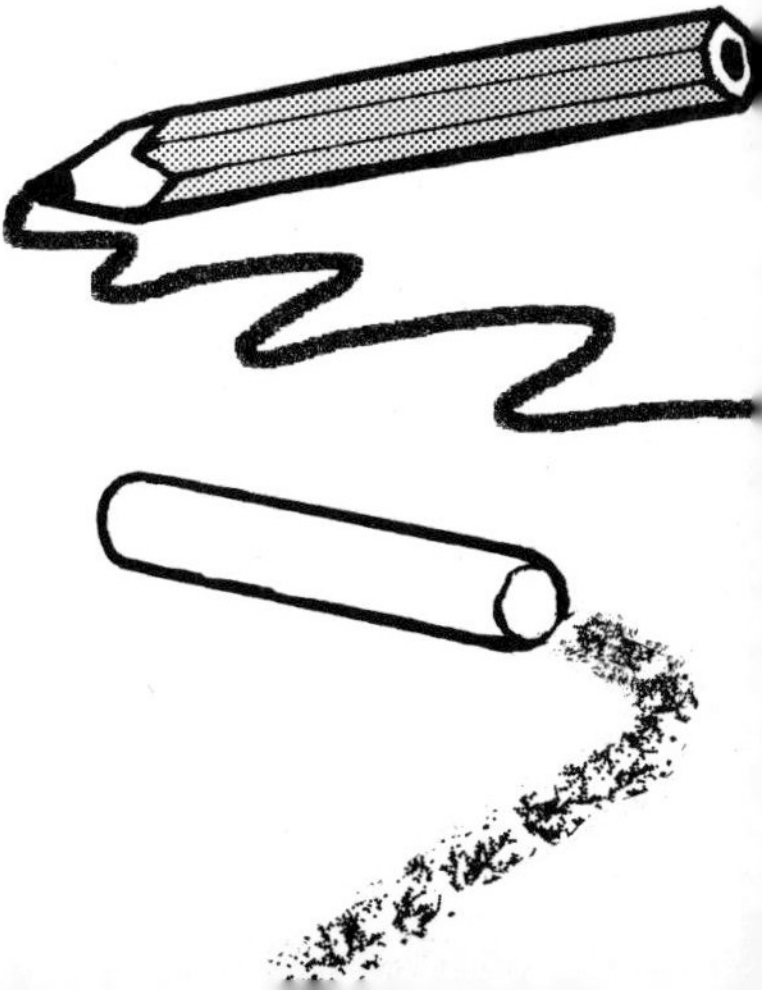

「こんなこと、っていうのは、燃《も》えるときに固体状態《こたいじょうたい》のままなことと、燃《も》えてしまうと固体《こたい》をやめてしまうことだね」

「最初《さいしょ》にロウソクの観察《かんさつ》をしてたときに、それを確認《かくにん》したわね」

「ロウソクが固形《こけい》のまま燃《も》えるのって、炭素《たんそ》の力《ちから》だったのか」

「それだけじゃなくて、とけていたのも炭素《たんそ》だったからなのね」

「そして、二酸化炭素《にさんかたんそ》として飛《と》び去《さ》って行《い》くのも、炭素《たんそ》ならではなんだ」

改《あらた》めて、原出先生《はらでせんせい》はロウソクに火《ひ》をつけてみる。

いつもと変《か》わらない火《ひ》がそこにはあったが、陽菜《ひな》と大翔《ひろと》は、ゆらめく炎《ほのお》を見《み》ていた。

「こうやって、ロウソクの中《なか》を知《し》ると、ちがって見《み》えるな」

「わたしたちはいろいろ触《さわ》ってみたけど、ようやく正体《しょうたい》がつかめたって感《かん》じがするわ」

「こうやって観察《かんさつ》していくことで、ロウソクがわかってくる。だから、ファラデーはロウソクを講演《こうえん》の題材《だいざい》に選《えら》んだのさ」

「ロウソクや炭素《たんそ》ってふしぎね。炭火焼《すみびや》きとか聞《き》くから、身近《みぢか》にあると思《おも》ってたけど……」

「また、陽菜《ひな》が食《た》べものの話《はなし》をしている」

「大翔《ひろと》はちゃかさないの。身近《みぢか》だと思《おも》ってたものが炭素《たんそ》だったり、その炭素《たんそ》のことをぜんぜん知《し》らなかったり、わたしたち、まだまだね」

「そうだなあ、そもそも、炭《すみ》って意識《いしき》しないとあんまり使《つか》わないかも」

「今《いま》の時代《じだい》だと、そうだよね。ところで炭素《たんそ》のはたらきはこれだけじゃないんだ」

「というと？」

「じつは、ぼくたちの体《からだ》の中《なか》にも関《かか》わってくる。というのは、前《まえ》から言《い》っているとおりだよ」

「はく息《いき》が二酸化炭素《にさんかたんそ》ってことね。どういうことかしら」

「ということで、つぎの実験《じっけん》にいこう」

## 実験《じっけん》23　ロウソクの火《ひ》が消《き》えるしくみは？

原出先生《はらでせんせい》は、ふーっ、と息《いき》を吹《ふ》きかけて、ロウソクの火《ひ》を消《け》した。

「ロウソクの火《ひ》に、息《いき》を吹《ふ》きかけると消《き》える。これは、前《まえ》にもやったね」

「空気《くうき》が動《うご》いたから、消《き》えたのよね」

「じつは、これにも二酸化炭素《にさんかたんそ》が関《かか》わっているんだ。どういう仕組《しく》みか、観察《かんさつ》しよう」

「そういえば、息《いき》をはくと二酸化炭素《にさんかたんそ》が出《で》るって何度《なんど》も言《い》っていたわね」

「どうして、二酸化炭素《にさんかたんそ》が体《からだ》から出《で》てくるのかなあ」

「それについては、こういうことなんだ」


『ここからが、さらにおもしろくなってくるところさ。それは、ロウソクの燃焼《ねんしょう》と、ぼくたちの体《からだ》のなかで起《お》こっている、生《い》きた種類《しゅるい》の燃焼《ねんしょう》との関係《かんけい》なんだ。

人間《にんげん》ひとりひとりの体《からだ》のなかでは、ロウソクの燃焼《ねんしょう》にとてもよく似《に》た、生《い》きた燃焼《ねんしょう》が起《お》こっている。
それをここで、たしかめてみたい。
人《ひと》の命《いのち》とロウソクとの関係《かんけい》は、詩的感覚《してきかんかく》の中《なか》だけで真実《しんじつ》なのではない。
もしみんなが、ぼくのあとをついてくるなら、
このことを明《あき》らかにすることができると考《かんが》えているよ。
この関係《かんけい》をはっきりさせるために、
ぼくはみなさんの前《まえ》で、たちまち組《く》み立《た》てることのできる、
一つの小《ちい》さな装置《そうち》を作《つく》ったよ』

「ということで、こんどの実験《じっけん》は、ロウソクの火《ひ》を消《け》してみよう、だよ」

先生《せんせい》は、ガラス管《かん》を両端《りょうはし》に置《お》いた、一枚《まい》の板《いた》を用意《ようい》する。
板《いた》の中《なか》には、二つのガラス管《かん》をつなげるトンネルがあり、片方《かたほう》のガラス管《かん》には火《ひ》のついたロウソクが入《はい》っている。もう片方《かたほう》のガラス管《かん》には、なにも入《はい》っていない。

「このロウソクの火《ひ》を消《け》してみようと思《おも》う」

「どうやって、ロウソクを消《け》すのかな」

「息《いき》を吹《ふ》きかけてみるとか？」

「そのとおり！　何《なに》も入《はい》っていないほうのガラス管《かん》をくわえて、息《いき》を吹《ふ》きかける。実際《じっさい》にやってみようか」

原出先生《はらでせんせい》は、ガラス管《かん》を口《くち》に入《い》れて、息《いき》をすいこんで、はいた。

すると、トンネルでつながっていたもう一方《いっぽう》のガラス管《かん》から、火《ひ》が消《き》えた。

「あれ、息《いき》だけで消《き》えちゃったわ」

「火《ひ》は強《つよ》い風《かぜ》で消《き》えるけど、そういうわけじゃなさそうだよな」

「今《いま》のはね、ぼくが呼吸《こきゅう》をしたから消《き》えたんだ」

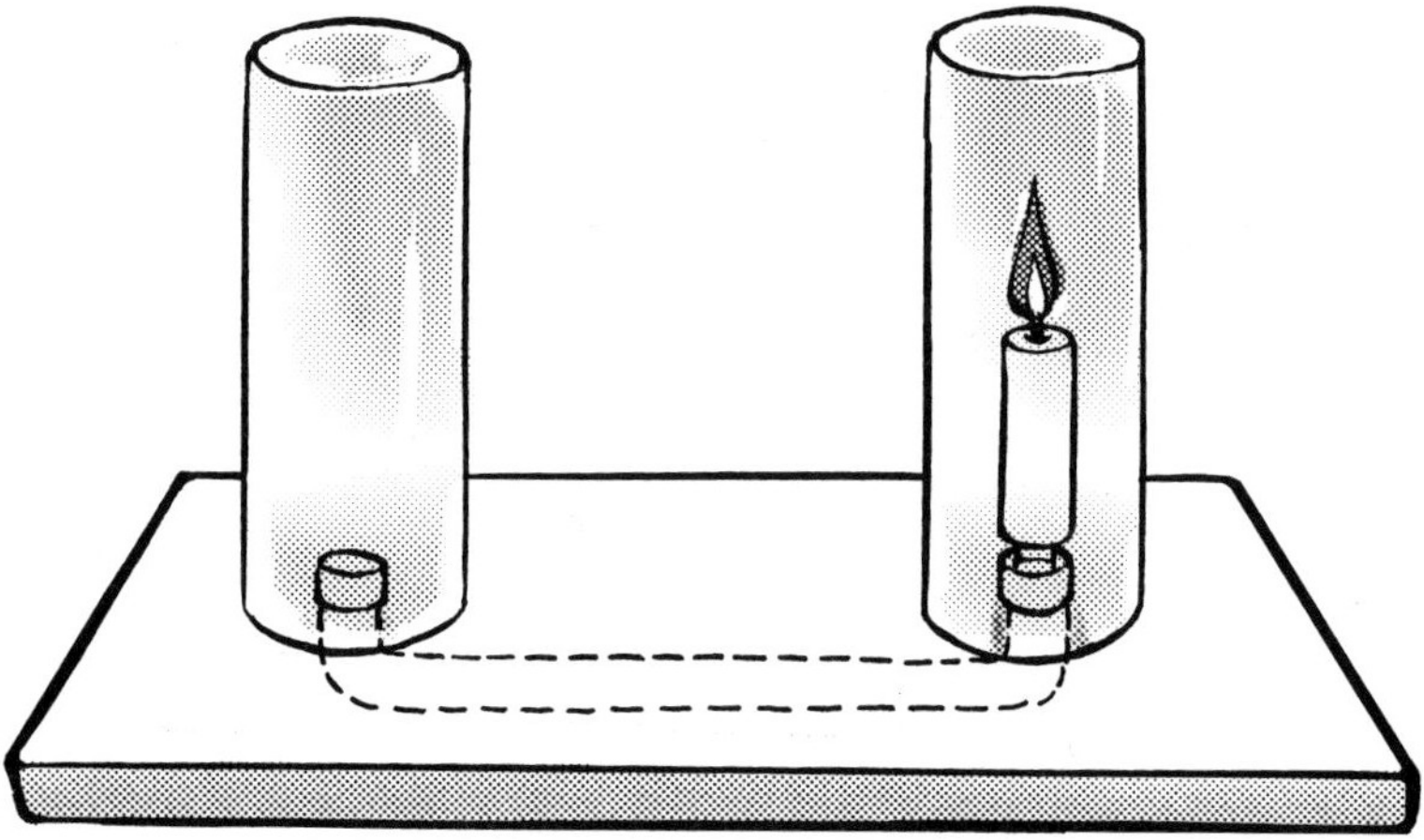

「呼吸《こきゅう》って、息《いき》をはいたり、すったりすることよね」

「そう。呼吸《こきゅう》は酸素《さんそ》をすって、二酸化炭素《にさんかたんそ》を出《だ》す。空気《くうき》の中《なか》にあった酸素《さんそ》をすったから、ロウソクの火《ひ》は燃《も》やすための酸素《さんそ》がなくなって、消《き》えてしまったんだ」

「たったこれだけで、酸素《さんそ》ってなくなっちゃうのね」

「ぼくの肺《はい》——人間《にんげん》の肺《はい》は、ロウソクと同《おな》じようにできている。酸素《さんそ》をうばいとって燃焼《ねんしょう》し、その結果生《けっかう》まれた二酸化炭素《にさんかたんそ》が口《くち》から出《で》ているんだ」

その話《はなし》を聞《き》いたふたりは、びくっとする。

「ああ、きみたちの体《からだ》がロウソクのように燃《も》えているわけじゃないんだよ」

「なんだ、びっくりしたわ」

「でも、似《に》たようなことは起《お》こっていると思《おも》ってもいい」

『人間《にんげん》は、食《た》べものを食《た》べるね。
食《た》べたものは、体《からだ》のなかの管《くだ》や器官《きかん》を通《とお》りぬけて、
全身《ぜんしん》のいろいろな部分《ぶぶん》に、とくに消化器《しょうかき》に運《はこ》ばれる。
そこで変化《へんか》を受《う》けた食《た》べものは、管《くだ》を通《とお》って、

肺《はい》のところへ運《はこ》ばれるんだ。

一方《いっぽう》、ぼくたちがすったりはいたりする空気《くうき》は、ほかの管《くだ》を通《とお》って肺《はい》にひきこまれたり、その外《そと》へ出《で》ていったりしている。

とてもうすい膜《まく》によって、分《わ》けられてはいる。でも、空気《くうき》と食物《しょくもつ》はここでたがいに近《ちか》よっているんだ』

「体《からだ》に入《はい》った空気《くうき》は、血液《けつえき》に運《はこ》ばれるんだ。そして、酸素《さんそ》を使《つか》って生命活動《せいめいかつどう》を行《おこな》い、二酸化炭素《にさんかたんそ》のガスを作《つく》って、熱《ねつ》を発生《はっせい》させるんだ」

「熱《ねつ》を発生《はっせい》？　わたしたち、そんなことしてるのね」

大翔《ひろと》が、ぽんと手《て》を打《う》った。

「マラソンしたときは、たくさん息《いき》をすったりはいたりして、胸《むね》が熱《あつ》くなるよ。もしかして、そんなことが起《お》こっているのかな」

「体《からだ》の中《なか》で酸素《さんそ》が激《はげ》しく反応《はんのう》しているからだね。この熱《ねつ》こそ、人間《にんげん》を動《うご》かすためのエネルギーなんだ。だから、食《た》べものがエネルギーって言《い》われるんだよ」

「ロウソクとわたしたちの体《からだ》が同《おな》じだったなんて、おどろいたわ！」

## 実験《じっけん》24　環境《かんきょう》の中《なか》の酸素《さんそ》と二酸化炭素《にさんかたんそ》を知《し》ろう！

原出先生《はらでせんせい》は、外《そと》からさしこむ夕日《ゆうひ》を見《み》ながら、ふたりに言《い》った。

「そろそろ、最後《さいご》の実験《じっけん》だ」

そう言《い》って、金魚《きんぎょ》ばちを持《も》ってきたので、ふたりは目《め》を丸《まる》くした。

「最後《さいご》の実験《じっけん》っていうから、何《なに》かと思《おも》ったら」

「これ、金魚《きんぎょ》ね。中《なか》で元気《げんき》に泳《およ》いでいるわ」

「ぼくたちの世界《せかい》は、酸素《さんそ》と二酸化炭素《にさんかたんそ》に支《ささ》えられている。それを観察《かんさつ》するために、生《い》き物《もの》を用《よう》意《い》したわけだ。金魚《きんぎょ》は、ファラデーの趣味《しゅみ》だけどね」

「もしかして、ファラデーも、金魚《きんぎょ》をつれてきたの？」

「そうだよ。金魚《きんぎょ》って、かわいいよね」

「この金魚《きんぎょ》が、酸素《さんそ》や二酸化炭素《にさんかたんそ》と関係《かんけい》しているの？」

「もちろん。ぼくたち人間《にんげん》をはじめ、この地球《ちきゅう》にいる生《い》き物《もの》のうち、たくさんの種族《しゅぞく》が、なんらかの形《かたち》で呼吸《こきゅう》をしている。水《みず》の中《なか》でくらしている金魚《きんぎょ》も、えらを使《つか》って、酸素《さんそ》をすって、二酸化炭素《にさんかたんそ》をはいているんだ」

「そういえば、二酸化炭素《にさんかたんそ》は水《みず》にとけるんだったわね」

「酸素《さんそ》も水《みず》の中《なか》にあるのか。だから、魚《さかな》たちは生《い》きているんだな」

「わかってきたね。こんなふうに、ぼくたち生物《せいぶつ》が生《い》きていくのに酸素《さんそ》は必要《ひつよう》なのだけど……どうして、世界中《せかいじゅう》が二酸化炭素《にさんかたんそ》だらけにならないと思《おも》う？」

「ええと、それは前《まえ》に聞《き》いたわね。光合《こうごう》成《せい》？」

「そう、植物《しょくぶつ》の光合成《こうごうせい》だ！　植物《しょくぶつ》というのは、空気中《くうきちゅう》から二酸化炭素《にさんかたんそ》をすって、葉《は》っぱから

酸素《さんそ》をはきだしているんだ。ぼくたちが呼吸《こきゅう》をするのと反対《はんたい》にね」

「お互《たが》いに支《ささ》え合《あ》っているのね」

「木《き》とか花《はな》とかに、そんな役割《やくわり》があったのか」

「ぼくたちの世界《せかい》は、いろんな理科《りか》でできているんだよ」


『地球上《ちきゅうじょう》の生《い》き物《もの》たちは、同《おな》じ種類《しゅるい》どうしだけではなく、すべての生《い》き物《もの》どうしの、助《たす》けあいによってくらしている。一つの部分《ぶぶん》が、ほかの部分《ぶぶん》の助《たす》けになるような仕組《しく》みによって、みんなが結《むす》びつけられているんだ』


「理科《りか》を学《まな》ぶことで、環境《かんきょう》のつながりも見《み》えてくるのね」

「世界《せかい》の仕組《しく》みを知《し》ることって、自分《じぶん》たちを知《し》ることにもなるんだ！」

「そういった地球環境《ちきゅうかんきょう》の循環《じゅんかん》について、研究《けんきゅう》している人《ひと》たちもいるよ」

「でも、そんなに大《おお》きな話《はなし》を、実験《じっけん》で調《しら》べるのは大変《たいへん》そう」

「観察《かんさつ》といっても、地球《ちきゅう》まるごとを見《み》るのは、どうやるんだろう」

「実験《じっけん》も観察《かんさつ》も、基本《きほん》はいつも同《おな》じだよ」

『きみたちとの授業《じゅぎょう》が、終《お》わりに近《ちか》づく前《まえ》に、もう一つ説明《せつめい》しておかなければならないね。いっしょに見《み》てきた操作全体《そうさぜんたい》に関係《かんけい》することだけれども、この世界《せかい》には、さまざまな物質《ぶっしつ》が、さまざまな状態《じょうたい》で存在《そんざい》している。酸素《さんそ》、水素《すいそ》、炭素《たんそ》などが、身《み》の回《まわ》りで深《ふか》く関係《かんけい》しあっているのを見《み》ることは、ほんとうにふしぎで、たのしいことだね』

「化学親和力《かがくしんわりょく》というものがある。それは、ぼくたちが呼吸《こきゅう》をするときのように、ちがう部分《ぶぶん》のものがひかれあって、働《はたら》きあうことで生《う》まれるものなんだ」

たなから実験道具《じっけんどうぐ》を出《だ》して、原出先生《はらでせんせい》は解説《かいせつ》をしていく。

ここで原出先生《はらでせんせい》は、深呼吸《しんこきゅう》をする。

「ぼくの体《からだ》の中《なか》で、炭素《たんそ》と酸素《さんそ》が出会《であ》ったことで、ひかれあった。これも、化学親和力《かがくしんわりょく》。いろいろな物質《ぶっしつ》どうしの出会《であ》いを、ぼくがためしたコレクションを見《み》せよう」

先生《せんせい》は、いろいろなびんを机《つくえ》に並《なら》べた。

粉《こな》にした黒鉛《こくえん》を、燃料《ねんりょう》と空気《くうき》で燃焼《ねんしょう》させるびん。

「これは、すぐに燃《も》えたね。火《ひ》のついた黒鉛《こくえん》は、消《き》えてしまうまで燃《も》え続《つづ》けるんだ」

石炭《せきたん》ガスが詰《つ》まったびんを開《あ》けて、空気《くうき》と混《ま》ぜてみる。

「石炭《せきたん》ガスは、温度《おんど》が上《あ》がるまで引火《いんか》はしない。ここでちょっと熱《ねっ》することで燃《も》えることもあれば、だいぶ上《あ》げないと燃《も》えないこともあるね」

黒色火薬《こくしょくかやく》と、綿火薬《めんかやく》の入《はい》ったびん。

「どちらも燃《も》えやすいから、針金《はりがね》の温度《おんど》を少《すこ》しずつ上《あ》げて近《ちか》づけてみると——綿火薬《めんかやく》が先《さき》に燃《も》えた。こっちのほうが燃《も》えやすいんだね。……ということで、物質《ぶっしつ》はそれぞれ、燃《も》える温度《おんど》がちがうんだ。こうやって、いろいろと条件《じょうけん》を変《か》えてみることで、大《おお》きな地球環境《ちきゅうかんきょう》のことがだんだん見《み》えてくることもあるんだ。研究《けんきゅう》の内容《ないよう》も方法《ほうほう》も、無限《むげん》にあるからね」

「そして、火《ひ》を使《つか》う場合《ばあい》は、安全《あんぜん》な場所《ばしょ》で大人《おとな》の人《ひと》に見《み》てもらいながら、しっかり気《き》をつけた方《ほう》がいいのよね」

「かんぺきだ。実験《じっけん》をするときの注意《ちゅうい》も、しっかり身《み》についたね」

## 実験《じっけん》をおえて

最後《さいご》の実験《じっけん》に使《つか》ったたくさんの道具《どうぐ》を片《かた》づけると、外《そと》はすっかり暗《くら》くなっていた。

「ふたりとも、よくがんばったね」

「あっというまだったわ」

「超《ちょう》おもしろかった！」

ふたりがほほえむと、原出《はらで》先生《せんせい》も一緒《いっしょ》になって笑《わら》う。

「ぼくはね、理科《りか》が大好《だいす》きで、いろんな人《ひと》に理科《りか》を教《おし》えているんだ」

「とっても教《おし》え方《かた》がうまいのね。学校《がっこう》や塾《じゅく》で、先生《せんせい》をやっているの？」

「いいや。ぼくはただ、世界中《せかいじゅう》の人《ひと》たちに、ロウソクを通《つう》じて『理科《りか》』を好《す》きになってほしい。

そう思《おも》って、こんなチラシを書《か》いているんだよ」

先生《せんせい》が「だれでも理科《りか》が好《す》きになる　たのしい実験教室《じっけんきょうしつ》」のチラシをとり出《だ》した。

陽菜《ひな》は笑《わら》った。

「このチラシのおかげで、わたしたちも助《たす》かったわ」

「そうだね。一つ、伝《つた》えたいことがある」

原出先生《はらでせんせい》は、そこで一冊《さつ》の本《ほん》をとり出《だ》した。

「それって、わたしたちがひろった本《ほん》だわ」

「ここにくる、きっかけだな。ひろってよかったな、陽菜《ひな》」

「うん！」

「この本《ほん》のタイトルは、『ロウソクの科学《かがく》』。ふたりは、この本《ほん》によって、理科《りか》が大好《だいす》きになってくれた。それが、ぼくはとてもうれしい」

「ロウソクを見《み》て、いろんなことがわかったわ」

「おれも、もっといろんなことを知《し》りたいって思《おも》えた！」

「……ぼくが『ロウソクの科学《かがく》』で教《おし》えられることは、全部教《ぜんぶおし》えた」

「原出先生《はらでせんせい》は、なんでも知《し》っているわけじゃないの？」

「これはまだ、理科《りか》の入《い》り口《ぐち》にすぎない。世《よ》の中《なか》には、もっといろんな実験《じっけん》や、いろんな観察《かんさつ》のやり方《かた》があるんだ。ふしぎに思《おも》ったことは、調《しら》べてみて、計画《けいかく》して、実行《じっこう》する。そうやって、きみたち自身《じしん》の研究《けんきゅう》を、見《み》つけていってほしい。これで、ロウソク理科研究所《りかけんきゅうじょ》の授業《じゅぎょう》はおしまい」

# エピローグ

原出先生《はらでせんせい》は、『ロウソクの科学《かがく》』の本《ほん》を、パタンととじた。

「ぼくの話《はなし》を最後《さいご》まで聞《き》いてくれて、ありがとう」

陽菜《ひな》と大翔《ひろと》は、ぺこりと頭《あたま》をさげた。

「こちらこそ、ありがとう。おもしろかったわ、先生《せんせい》」

「おれにも、自由研究《じゆうけんきゅう》ができそうな気《き》がしてきた！」

「それはよかった」

原出先生《はらでせんせい》は、にっこりとほほえんだ。

「研究《けんきゅう》の題材《だいざい》は、ぼくたちの身《み》のまわりにたくさんある。六日間《むいかかん》、ロウソクを題材《だいざい》に、いろいろな実験《じっけん》をしたね。理科《りか》の研究《けんきゅう》や実験《じっけん》は、たのしかったかい？」

大翔《ひろと》がうなずいた。

「じつは、ここに来《く》るまでは、実験《じっけん》とか観察《かんさつ》って、めんどうだと思《おも》っていたんだ。でも、自分《じぶん》でいろいろやってみるのって、こんなにたのしかったんだな」

「将来《しょうらい》は、わたしも先生《せんせい》のように、理科《りか》のたのしさを、人《ひと》に伝《つた》えられるようになりたいな」

「そう言《い》ってもらえると、とてもうれしいよ」

「まずは、自由研究《じゆうけんきゅう》の発表《はっぴょう》、がんばるね！」

陽菜《ひな》は、手作《てづく》りのロウソクを持《も》ってほほえむ。

先生《せんせい》は、手《て》に持《も》っていた『ロウソクの科学《かがく》』を、陽菜《ひな》にわたした。

「きみに、これをあげるよ。きっといつか、役《やく》に立《た》つと思《おも》う」

「いいの？　大切《たいせつ》な本《ほん》なんでしょう」

「いいんだよ。これはきっと、運命《うんめい》だからね」

「運命《うんめい》って……先生《せんせい》、ずいぶんとロマンチックなことを言《い》うのね」

「最後《さいご》におくる言葉《ことば》が、思《おも》いつかなかったんだ。かわりに、この本《ほん》をあげるよ。あっ、すこし紅《こう》茶《ちゃ》のしみがついているのは、気《き》にしないで」

「先生《せんせい》、最後《さいご》って、どういうこと？」

陽菜《ひな》は、なんだかいやな予感《よかん》がした。

（もう会《あ》えないなんてこと、ないよね？）

ほほえむ先生《せんせい》にむかって、大翔《ひろと》が大《おお》きく手《て》をふった。

「また来《く》るねー！」

陽菜《ひな》も、あわてて手《て》をふった。

「先生《せんせい》、ありがとう！」

「どういたしまして」

先生《せんせい》が水筒《すいとう》につめてくれた紅茶《こうちゃ》をもって、ふたりは家《いえ》に帰《かえ》った。


つぎの日《ひ》も、陽菜《ひな》と大翔《ひろと》は、ロウソク理科研究所《りかけんきゅうじょ》の場所《ばしょ》に行《い》ってみた。

しかし、いくらさがしても、研究所《けんきゅうじょ》が見《み》つからなかった。

「あれ、おかしいな。こっちであっているはずなのに」

「やっぱり……」

夏休《なつやす》みの間《あいだ》、ふたりは雑木林《ぞうきばやし》をさがしたが、研究所《けんきゅうじょ》は見《み》つからなかった。

交番《こうばん》で聞《き》いても、そんな建物《たてもの》はないと言《い》われてしまった。

夏休《なつやす》みが終《お》わって、自由研究《じゆうけんきゅう》の発表会《はっぴょうかい》の日《ひ》がやってきた。

陽菜《ひな》も大翔《ひろと》も、気《き》に入《い》った実験《じっけん》を思《おも》い出《だ》して、それぞれの自由研究《じゆうけんきゅう》を発表《はっぴょう》できた。


放課後《ほうかご》。

大翔《ひろと》は、用事《ようじ》があると言《い》って、先《さき》に帰《かえ》ってしまった。

陽菜《ひな》も帰《かえ》ろうとしていると、担任《たんにん》の先生《せんせい》が声《こえ》をかけてきた。

「ロウソクの研究《けんきゅう》、よかったわよ。どうやって題材《だいざい》を決《き》めたのかしら」

まわりに人《ひと》はいない。陽菜《ひな》は、正直《しょうじき》に話《はな》してみることにした。

「ふしぎな白衣《はくい》の先生《せんせい》に、実験《じっけん》を見《み》せてもらって」

「あなたたち、もしかして……ロウソク理科研究所《りかけんきゅうじょ》に行《い》くことができたの？」

陽菜《ひな》は、おどろいた。

（ロウソク理科研究所《りかけんきゅうじょ》の名前《なまえ》を、知《し》っている人《ひと》がいた！）

しかし、質問《しつもん》をした担任《たんにん》の先生本人《せんせいほんにん》も、おどろいているようだった。

「白衣《はくい》の人《ひと》に、ファラデーの『ロウソクの科学《かがく》』について教《おし》えてもらった？」

「ええ。先生《せんせい》、どうしてわかったの？」

「わたしもなん十年《じゅうねん》も前《まえ》、小学生《しょうがくせい》のときに、ロウソク理科研究所《りかけんきゅうじょ》で教《おそ》わったことがあるの」

担任《たんにん》の先生《せんせい》は、どこか遠《とお》い目《め》をしてこたえる。

「あの建物《たてもの》、先生《せんせい》が小学生《しょうがくせい》のころからあったんですね」

「そこで、自由研究《じゆうけんきゅう》の題材《だいざい》として『ロウソクの科学《かがく》』を紹介《しょうかい》されたの。でもね、最後《さいご》の授業《じゅぎょう》が終《お》わってから、なぜか二度《にど》と、ロウソク理科研究所《りかけんきゅうじょ》に行《い》けなかった」

「わたしたちも！　あれから、だれに聞《き》いても、そんな場所《ばしょ》はないって言《い》われて」

「あなたの話《はなし》を信《しん》じるわ。わたしは、理科《りか》のたのしさを伝《つた》えたくて、学校《がっこう》の先生《せんせい》になったのよ」

「そうだったんだ……わたしも、将来《しょうらい》は、世界《せかい》じゅうに理科《りか》のたのしさをとどけたい！」

「素敵《すてき》ね。その夢《ゆめ》、応援《おうえん》しているわ」

陽菜《ひな》は、担任《たんにん》の先生《せんせい》にたずねてみた。

「先生《せんせい》がむかし会《あ》った白衣《はくい》の人《ひと》は、どんな人《ひと》だったの？」

「そうねえ、たしか、ファラデーが大好《だいす》きで、蝶《ちょう》ネクタイをつけていて、髪《かみ》の毛《け》をうしろでむすんでいる男《おとこ》の人《ひと》だったわ。なまえは……原出先生《はらでせんせい》」

「ええっ！」

陽菜《ひな》はおどろいて、ひっくりかえりそうになった。

原出先生《はらでせんせい》は、なん十年《じゅうねん》も前《まえ》からずっと研究所《けんきゅうじょ》にいたということになる。

「ふしぎなことも、あるものね」

「そうね」


そのころ、大翔《ひろと》はひとりで、雑木林《ぞうきばやし》を歩《ある》き回《まわ》っていた。

あきらめきれずに、理科研究所《りかけんきゅうじょ》をさがしていたのだ。

しかし、どこを歩《ある》いても、白《しろ》い建物《たてもの》は見《み》あたらない。

「やっぱり、もう会《あ》えないのかな」

大翔《ひろと》がつぶやいたとき、足元《あしもと》になにかが落《お》ちていることに気《き》づいた。

「これって……『ロウソクの科学《かがく》』？」

陽菜《ひな》が先生《せんせい》からもらっていたのと同《おな》じような、ボロボロの本《ほん》がそこにあった。

その中《なか》にはチラシがはさまっていて「大翔《ひろと》くんへ」と書《か》かれていた。

「これ、先生《せんせい》からのメッセージだ！」

「大翔《ひろと》くんへ　きみなら、この手紙《てがみ》を見《み》つけにくると思《おも》っていたよ」

『すべてのものには、どこかで、おわりがやってくる。
これからは、きみたちの時代《じだい》だ。
きみたち自身《じしん》が明《あか》るくかがやいて、
まわりの人《ひと》たちを照《て》らす、ロウソクのような人《ひと》になってほしい。

自分《じぶん》の役割《やくわり》をりっぱにつとめ、みんなの役《やく》にたつことで、
そのロウソクの美《うつく》しさを、証明《しょうめい》することができるんだ』

「いつも、きみたちのことを見守《みまも》っています。原出《はらで》」

その日《ひ》から、大翔《ひろと》はもうれつに勉強《べんきょう》をがんばるようになり、大人《おとな》たちをおどろかせた。

それから、しばらく時《とき》が流《なが》れ。陽菜《ひな》は、白衣《はくい》を着《き》て、実験《じっけん》をくり返《かえ》していた。

大人《おとな》になった陽菜《ひな》は、物理学《ぶつりがく》の研究者《けんきゅうしゃ》になったのだ。

いまは、弟《おとうと》と電話《でんわ》で話《はな》している。

「もしもし、大翔《ひろと》？　元気《げんき》そうね。研究《けんきゅう》は順調《じゅんちょう》？」

『おもしろいデータが集《あつ》まりそうなんだ。日本《にほん》に帰《かえ》ったら、見《み》せてあげるよ！』

大翔《ひろと》はいまや、世界中《せかいじゅう》を飛《と》びまわる研究者《けんきゅうしゃ》だ。

いつも「つぎはあの国《くに》で新発見《しんはっけん》をしてくる！」と言《い》って、どこかへ出《で》かけていく。

『ぜったい、おれのほうが陽菜《ひな》より先《さき》に、ノーベル賞《しょう》をとっちゃうからな！』

「大翔《ひろと》はまた、そんなこと言《い》って。わたしの方《ほう》がノーベル賞《しょう》に近《ちか》いわよ」

ふたりは、どちらが先《さき》にノーベル賞《しょう》をとるかで、競争《きょうそう》をしているのだ。

「長電話《ながでんわ》してる場合《ばあい》じゃないの。もうすぐ、お客《きゃく》さんがくるんだから」

『小学生《しょうがくせい》が、陽菜《ひな》に理科《りか》を教《おそ》わりにくるんだって？』

「ええ、夏休《なつやす》みの、特別授業《とくべつじゅぎょう》をたのまれたんだけど……わたし、緊張《きんちょう》しちゃって」

『それで、国際電話《こくさいでんわ》で相談《そうだん》してきたのか。じゃあさ、こういうのはどうかな』

大翔《ひろと》は陽菜《ひな》に、一つの提案《ていあん》をする。

『覚《おぼ》えてる？　五年生《ねんせい》のあの日《ひ》、一冊《さつ》の本《ほん》をひろって、ふしぎな研究所《けんきゅうじょ》に行《い》ったこと』

「忘《わす》れるわけがないじゃない」

陽菜《ひな》は、大《おお》きくうなずいた。

電話《でんわ》のむこうの大翔《ひろと》の手《て》には、『ロウソクの科学《かがく》』と、原出先生《はらでせんせい》の手紙《てがみ》があった。


「——ということがあって、わたしは、研究者《けんきゅうしゃ》になろうと思《おも》ったの」

陽菜《ひな》は、子供《こども》のころの夏休《なつやす》みに体験《たいけん》した、ふしぎなことを、ありのまま話《はな》しおえた。

研究室《けんきゅうしつ》に集《あつ》まった小学生《しょうがくせい》たちから、声《こえ》があがった。

「陽菜先生《ひなせんせい》、それってほんとう？」

「ふしぎな話《はなし》だね！」

みんな、陽菜《ひな》の話《はなし》をおもしろがったり、ふしぎに思《おも》ったり、うたがったりしている。

「信《しん》じるかどうかは、きみたちしだいよ。だけど、これから見《み》てもらう実験《じっけん》は、ぜーんぶ、ほんとうのことだよ！　理科《りか》の世界《せかい》は、ふしぎでおもしろいことが、いっぱいあるの！」

陽菜《ひな》は、白衣《はくい》のポケットから、手作《てづく》りのロウソクをとり出《だ》す。

十歳《さい》の夏休《なつやす》みに、ふたごの弟《おとうと》といっしょに作《つく》った、宝《たから》ものだ。

思《おも》わず、『ロウソクの科学《かがく》』に書《か》かれていることばが、陽菜《ひな》の口《くち》をついて出《で》た。

「『少年少女《しょうねんしょうじょ》の理科研究入門《りかけんきゅうにゅうもん》に、いちばんぴったりなのは、一本《いっぽん》のロウソクにまつわる、物理的現象《ぶつりてきげんしょう》を考察《こうさつ》すること。どんな最新《さいしん》の研究《けんきゅう》のお話《はなし》にもけっしてひけをとらない、おもしろくて、ためになるお話《はなし》を、お聞《き》かせしましょう』」

陽菜《ひな》は自分《じぶん》をとりかこむ小学生《しょうがくせい》に、にっこり笑《わら》いかけた。

かつて、自分《じぶん》にそうしてくれた白衣《はくい》の先生《せんせい》のように。

「『さて、少年少女諸君《しょうねんしょうじょしょくん》、まずはじめに私《わたし》はみなさんに、ロウソクが何《なに》でつくられているかをお話《はな》ししなければなりません――』」

陽菜《ひな》は、ボロボロになった『ロウソクの科学《かがく》』のページをめくった。

「まずは、みんなでロウソクを作《つく》ってみよっか！」

おわり

# あとがき

はじめまして。作者《さくしゃ》の平野累次《ひらのるいじ》です。

ふだんはゲームのデザイナーもやっていて、いろいろな知識《ちしき》を使《つか》ってゲームを作《つく》っています。

ゲームは知識《ちしき》が集《あつ》まってできるものだから、この本《ほん》の中《なか》に書《か》いてあるような、理科《りか》の知識《ちしき》もゲーム作《づく》りに役立《やくだ》てています。

もし、ゲーム作《づく》りに興味《きょうみ》があるのなら、いろいろなことを知《し》って、知識《ちしき》をえるといいです。

この本《ほん》には、自由研究《じゆうけんきゅう》に使《つか》える理科《りか》の実験《じっけん》がのっています。

作者《さくしゃ》も、小学生《しょうがくせい》のときは理科《りか》の実験《じっけん》クラブに入《はい》っていたので、いろいろな実験《じっけん》をしました。

スライムを作《つく》ってみたり、日《ひ》の光《ひかり》を虫眼鏡《むしめがね》で集《あつ》めて紙《かみ》を焦《こ》がしてみたり、自分《じぶん》で描《か》いた絵《え》からアクリル板《ばん》を作《つく》ってキーホルダーにしてみたり。

理科室《りかしつ》は、自分《じぶん》やクラブの仲間《なかま》にとっては遊《あそ》び場《ば》でした。

それと同時《どうじ》に、「なんでこんなことができるんだろう」という気持《きも》ちと、その気持《きも》ちに対《たい》する答《こた》えをクラブの先生《せんせい》から教《おし》えてもらうことができました。

たくさんのことを、理科室《りかしつ》の中《なか》で学《まな》ぶことができました。

そんな自分《じぶん》が、こうやって本《ほん》を通《つう》じて教《おし》える立場《たちば》になるなんて、不思議《ふしぎ》な思《おも》いでいっぱいです。

みなさんも、この本《ほん》にのっている実験《じっけん》だけでなく、「おもしろそう」と思《おも》ったものを自分《じぶん》で調《しら》べて、やってみるとたのしいですよ。


自由研究《じゆうけんきゅう》もいろいろなことをやりました。

たとえば、模型《もけい》を作《つく》って展示《てんじ》をしてみたり、ジャガイモを育《そだ》ててでんぷんを作《つく》ってみたり、立体迷路《りったいめいろ》を紙《かみ》で作《つく》ってみたり……工作系《こうさくけい》が好《す》きでしたね。

自由研究《じゆうけんきゅう》を通《とお》して、身近《みぢか》にあるものが理科《りか》や他《ほか》の教科《きょうか》の勉強《べんきょう》につながっていきました。

自分《じぶん》たちが知《し》っている世界《せかい》には、実《じつ》はいろいろな仕組《しく》みがあって、それを知《し》ることは、世界《せかい》をひもとくようで、たのしかったと覚《おぼ》えています。

ぜひ、皆《みな》さんにもそんな体験《たいけん》がしてほしいと思《おも》いながら、この本《ほん》は執筆《しっぴつ》されています。


それから、自分《じぶん》は歴史《れきし》も好《す》きです。

今回《こんかい》の本《ほん》で紹介《しょうかい》をしたファラデーも大科学者《だいかがくしゃ》なので、歴史上《れきしじょう》の人物《じんぶつ》と言《い》えるでしょう。

歴史《れきし》をひもといていくのは、たのしいことです。

当《あ》たり前《まえ》だと思《おも》っていたものが、実《じつ》は発見《はっけん》や実験《じっけん》のくりかえしだったことがわかると、先人《せんじん》たちの知恵《ちえ》と勇気《ゆうき》、試行錯誤《しこうさくご》を感《かん》じられて、なんとも言《い》いようがない、世界《せかい》の広《ひろ》さを実感《じっかん》します。

この気持《きも》ちを、自分《じぶん》はロマンと呼《よ》んでいます。

理科《りか》にも、歴史《れきし》につながるロマンがある。それが伝《つた》わればいいなと思《おも》っています。


最後《さいご》に、すばらしいイラストをくださった上地優歩様《うえじゆうほさま》、実験《じっけん》の図《ず》を作《つく》った冒険企画局《ぼうけんきかくきょく》のデザインスタッフ、声《こえ》をかけてくださった担当編集様《たんとうへんしゅうさま》に感謝《かんしゃ》を。

それから、本書《ほんしょ》の元《もと》ネタとなった、ファラデー先生《せんせい》にも敬意《けいい》と感謝《かんしゃ》をこめて。

ありがとうございました。あなたの残《のこ》してくださった言葉《ことば》をもとに、この本《ほん》は作《つく》られています。

またどこかでお会《あ》いできれば幸《さいわ》いです。

平野累次《ひらのるいじ》

平野累次《ひらのるいじ》先生《せんせい》、上地優歩《うえじゆうほ》先生《せんせい》へのおたよりは、角川《かどかわ》つばさ文庫編集部《ぶんこへんしゅうぶ》へどうぞ！

・この本《ほん》のなかで、すきな場面《ばめん》
・この本《ほん》を読《よ》み終《お》わって、考《かんが》えたこと
・きみやまわりの人《ひと》の、将来《しょうらい》の夢《ゆめ》
・これから、読《よ》んでみたいと思《おも》った本《ほん》

など、自由《じゆう》に感想《かんそう》を書《か》いて送《おく》ってね。


あて先《さき》
〒102―8078
東京都千代田区富士見《とうきょうとちよだくふじみ》1―8―19
株式会社《かぶしきがいしゃ》ＫＡＤＯＫＡＷＡ
角川《かどかわ》つばさ文庫編集部《ぶんこへんしゅうぶ》「ロウソクの科学《かがく》」係《がかり》

本書は『The Chemical History of a Candle』(Michael Faraday, 1861)の中から、紹介する実験を厳選して、わかりやすく再構成し、書き下ろしの物語を加えた、角川つばさ文庫のオリジナル版です。本書に入りきらなかったファラデーの講演は『ロウソクの科学』（マイケル・ファラデー作 三石巖訳 角川文庫 一九六二年刊）などの本で、読むことができます。

本書の実験図は、ファラデーの時代に行われた実際の実験図を元にしたものであり、現在行われている実験の実験図とは異なります。

角川つばさ文庫

**ファラデー／原作**
イギリスの科学者。1791年、ロンドン郊外に生まれる。ベンゼンの発見、〈ファラデーの法則〉の発見など、幾多の輝かしい業績を残した。

**平野累次／冒険企画局／文**
愛知県生まれ。冒険企画局所属の作家兼ゲームデザイナー。主な著作は『超次元カードバトルRPG カードランカー』『駆け出しアイドルRPG ビギニングアイドル　チャレンジガールズ』（ともに新紀元社）、『ぼくの教室はふしぎ列車』（KADOKAWA）など。おしゃべりをしながらサイコロを振るゲーム、テーブルトークRPGの開発をしている。

**上地優歩／絵**
三重県出身の漫画家・イラストレーター。雑誌やWEBでの作品執筆のほか、学習漫画や挿絵イラストなど幅広い分野で活動中。小学生のとき給食を食べるのがクラスで一番速かった。

冒険企画局／図版

角川《かどかわ》つばさ文庫《ぶんこ》

**ロウソクの科学《かがく》**
**世界一《せかいいち》の先生《せんせい》が教《おし》える超《ちょう》おもしろい理科《りか》**

**原作《げんさく》　ファラデー**
**文《ぶん》　平野累次《ひらのるいじ》／冒険企画局《ぼうけんきかくきょく》**
**絵《え》　上地優歩《うえじゆうほ》**

2017年５月15日　初版発行
2020年５月30日　11版発行

発行者　郡司 聡
発　行　株式会社KADOKAWA
〒102-8177　東京都千代田区富士見 2-13-3
電話　0570-002-301（ナビダイヤル）
印　刷　株式会社暁印刷
製　本　株式会社ビルディング・ブックセンター
装　丁　ムシカゴグラフィクス


ISBN978-4-04-631707-0　C8240　N.D.C.400　190p　18cm

# 角川つばさ文庫発刊のことば

角川グループでは『セーラー服と機関銃』(81)、『時をかける少女』(83・06)、『ぼくらの七日間戦争』(88)、『リング』(98)、『ブレイブ・ストーリー』(06)、『バッテリー』(07)、『DIVE!!』(08)など、角川文庫と映像とのメディアミックスによって、「読書の楽しみ」を提供してきました。

角川文庫創刊60周年を期に、十代の読書体験を調べてみたところ、角川グループの発行するさまざまなジャンルの文庫が、小・中学校でたくさん読まれていることを知りました。

そこで、文庫を読む前のさらに若いみなさんに、スポーツやマンガやゲームと同じように「本を読むこと」を体験してもらいたいと「角川つばさ文庫」をつくりました。

読書は自転車と同じように、最初は少しの練習が必要です。しかし、読んでいく楽しさを知れば、どんな遠くの世界にも自分の速度で出かけることができます。それは、想像力という「つばさ」を手に入れたことにほかなりません。

「角川つばさ文庫」では、読者のみなさんといっしょに成長していける、新しい物語、新しいノンフィクション、角川グループのベストセラー、ライトノベル、ファンタジー、クラシックスなど、はば広いジャンルの物語に出会える「場」を、みなさんとつくっていきたいと考えています。

読んだ人の数だけ生まれる豊かな物語の世界。そこで体験する喜びや悲しみ、くやしさや恐ろしさは、本の世界の出来事ではありますが、みなさんの心を確実にゆさぶり、やがて知となり実となる「種」を残してくれるでしょう。

かつての角川文庫の読者がそうであったように、「角川つばさ文庫」の読者のみなさんが、その「種」から「21世紀のエンタテインメント」をつくっていってくれたなら、こんなにうれしいことはありません。

物語の世界を自分の「つばさ」で自由自在に飛び、自分で未来をきりひらいていってください。

ひらけば、どこへでも。——角川つばさ文庫の願いです。

角川つばさ文庫編集部